Herausgeber:

Peter Nyhuis
Gunther Reinhart
Eberhard Abele

Wandlungsfähige Produktionssysteme

Heute die Industrie von morgen gestalten

Impressum

Herausgeber:
Peter Nyhuis,
Gunther Reinhart,
Eberhard Abele

Deutsche Nationalbibliothek – CIP-Einheitsaufnahme

Ein Titeldatensatz für diese Publikation ist erhältlich
bei: Deutsche Nationalbibliothek

Dieses Werk ist urheberrechtlich geschützt. Alle Rechte, auch das
des Nachdruckes, der Wiedergabe, der Speicherung in
Datenverarbeitungsanlagen und der Übersetzung des vollständigen
Werkes oder von Teilen davon, sind vorbehalten.

© PZH Produktionstechnisches Zentrum GmbH, 2008
   An der Universität 2 ◆ 30823 Garbsen
   Tel: 0511-762-19434 ◆ Fax: 0511-762-18037
   http: www.pzh-gmbh.de ◆ mail: verlag@pzh-gmbh.de

ISBN 978-3-939026-96-9

Verlag: PZH Produktionstechnisches Zentrum GmbH

Herstellung: Digital Print, Garbsen

Printed in Germany

Wandlungsfähige Produktionssysteme

Geleitwort der Herausgeber

Wie lässt sich die Wettbewerbsfähigkeit des Industriestandorts Deutschland nachhaltig sichern und ausbauen? Diese Frage stellt sich immer drängender angesichts eines Marktes, der zunehmend dynamischer und unkalkulierbarer wird. Kürzer werdende Produktlebenszyklen, eine rasant steigende Modellvielfalt, ständig schwankende Kundennachfragen in einem internationalen Umfeld – das sind nur einige der Herausforderungen, denen sich produktionstechnische Unternehmen im Zeichen der Globalisierung gegenübersehen.

Es ist klar, dass Unternehmen auf diese Turbulenzen reagieren müssen. Aber welches Maß an Wandlungsfähigkeit braucht die produktionstechnische Industrie in Deutschland, um dafür gerüstet zu sein? Und welche Art von Wandlungsfähigkeit ist gefordert? Um diese Fragen fundiert zu beantworten, gilt es, praktische Industrieerfahrungen und ingenieurwissenschaftliche Forschung miteinander zu verknüpfen. Die Studie „Wandlungsfähige Produktionssysteme" (WPS) hat wichtige Schritte in diese Richtung getan: Die Wissenschaftler des WPS-Teams haben durch Erhebungen in führenden produktionstechnischen Unternehmen unterschiedlicher Branchen und durch die Auswertung internationaler Forschungsliteratur den aktuellen Handlungs- und Forschungsbedarf für den Standort Deutschland ausgelotet. Damit ist für die produktionstechnische Industrie wie für die Wissenschaft eine Basis geschaffen, um gezielte und praxisorientierte Konzepte der Wandlungsfähigkeit zu entwickeln. Sie werden die Unternehmen befähigen, auch auf unvorhersehbare Entwicklungen angemessen zu reagieren.

Die WPS-Studie und ihre wichtigsten Ergebnisse präsentiert Ihnen dieser Bericht. Wir wünschen Ihnen eine interessante Lektüre und freuen uns über Anregungen, Kommentare und Kritik.

Prof. Dr.-Ing. habil. Peter Nyhuis, IFA
Prof. Dr.-Ing. Gunther Reinhart, iwb
Prof. Dr.-Ing. Eberhard Abele, PTW

Dieses Forschungs- und Entwicklungsprojekt wurde mit Mitteln des Bundesministeriums für Bildung und Forschung (BMBF) innerhalb des Rahmenkonzeptes „Forschung für die Produktion von morgen" gefördert und vom Projektträger Forschungszentrum Karlsruhe (PTKA) betreut.

Geleitwort des Projektträgers

Es ist nicht unsere Aufgabe, die Zukunft voraus zu sagen, sondern auf sie gut vorbereitet zu sein.

Perikles

Der schnelle Wandel im Umfeld produzierender Unternehmen hat direkte Auswirkungen nicht nur auf die Produkte und ihre Gestaltung, sondern auch auf die im Untenehmen einzusetzenden Herstellungsverfahren und die dazu notwendigen Betriebsmittel – und nicht zuletzt auf die im Unternehmen arbeitenden Menschen. Wenn die Produktionslebenszyklen kürzer werden, müssen Produktionssysteme schnell umrüstbar und anpassbar sein – kurzum Wandlungsfähigkeit der Produktionssysteme ist gefordert.

Die Anstrengungen der Produktionsforschung in den vergangenen Jahren haben zu einer deutlich erhöhten Flexibilität der Produktionssysteme geführt. Doch mit Flexibilität alleine werden die Unternehmen den turbulenten Märkten nicht mehr gerecht. Nach Meinung namhafter Wissenschaftler und Industriemanager ist die Wandlungsfähigkeit von Produktionssystemen – definiert als Anpassung an das Unvorhersehbare – eine Eigenschaft, die es gilt, im Hinblick auf den Unternehmenserfolg zu identifizieren und zu gestalten.

Diese Herausforderung haben wir im Rahmenkonzept „Forschung für die Produktion von morgen" des Bundesministeriums für Bildung und Forschung (BMBF) aufgegriffen. Drei produktionstechnische Forschungsinstitute haben den zunächst noch etwas „unpräzisen" Begriff der Wandlungsfähigkeit zu einem Leitbild entwickelt und dieses mit Industrieunternehmen auf seine Praxistauglichkeit abgeglichen.

In engagierter und zielführender Forschungsarbeit wurde eine Untersuchung durchgeführt, deren Ergebnisse in dem vorliegenden Buch zur Nutzung und Anwendung aufbereitet sind.

Wir möchten den beteiligten Professoren und ihren wissenschaftlichen Mitarbeitern an dieser Stelle besonderen Dank aussprechen. Nur durch überdurchschnittlichen Einsatz und Engagement ist es innerhalb kürzester Zeit gelungen, das Thema Wandlungsfähigkeit zum Thema der Zukunft für die Produktionsforschung zu etablieren.

Wir wünschen uns, dass das Paradigma der Wandlungsfähigkeit von vielen Unternehmen der Bundesrepublik Deutschland zügig aufgegriffen wird und sich zu einem Wettbewerbsvorteil deutscher produzierender Untenehmen auf den globalen Weltmärkten entwickelt.

Helmut Mense
Christel Schwab

Projektträger Forschungszentrum Karlsruhe,
Bereich Produktion und Fertigungstechnologien

Inhaltsverzeichnis

Geleitwort der Herausgeber 1

Geleitwort des Projektträgers 2

Inhaltsverzeichnis 4

Abbildungsverzeichnis 10

1 **Einleitung: Wandlungsfähige Produktionssysteme – der Zukunft einen Schritt voraus** 13

    1.1   Die Ausgangslage 13

    1.2   Wandlungsfähige Produktionssysteme 14

    1.3   Rahmenkonzept "Forschung für die Produktion von morgen" 15

    1.4   Voruntersuchung "Wandlungsfähige Produktionssysteme (WPS)" 16

2 **Wandlungsfähigkeit als Ziel der Produktionssystemgestaltung** 19

    2.1   Einleitung 19

    2.2   Produktionssysteme in einer turbulenten Umwelt 20

        2.2.1   Definition Produktionssystem 20

        2.2.2   Turbulenzen 21

    2.3   Wandlungsfähigkeit als Lösungsstrategie 23

        2.3.1   Begriffsabgrenzung 24

        2.3.2   Wandlungsbefähiger 26

    2.4   Entwicklung eines Leitbildes für wandlungsfähige Produktionssysteme 29

    2.5   Zwischenfazit 31

3 **Analysen und Ergebnisse** 33

Wandlungsfähige Produktionssysteme

3.1 Stand der Forschung und Technik 34
   3.1.1 Wandlungsfähigkeit in der grundlagenorientierten Fachliteratur 34
   3.1.2 Wandlungsfähigkeit in der unternehmensnahen Fachliteratur 41
      3.1.2.1 Ansätze zur Modularisierung 41
      3.1.2.2 Ansätze für Integrierbarkeit 43
      3.1.2.3 Werkzeugmaschinen 45
      3.1.2.4 Industrielle Umsetzung 46

3.2 Fallstudien 47
   3.2.1 Methodik und Fallauswahl 47
      3.2.1.1 Betriebsbegehungen 49
      3.2.1.2 Unternehmensfragebogen 50
      3.2.1.3 Experteninterviews 51
      3.2.1.4 Studie des Fraunhofer ISI 52
   3.2.2 Organisatorische und personelle Gesichtspunkte der
          Wandlungsfähigkeit 53
      3.2.2.1 Einführung 53
      3.2.2.2 Personale und organisatorische Veränderungskompetenz 54
      3.2.2.3 Wandlungsfähigkeit im Rahmen der Fallstudien 58
      3.2.2.4 Potentiale und Grenzen der Bewältigung von Wandel 60
      3.2.2.5 Wandlungsfähigkeit als arbeits- und personalpolitische
               Herausforderung 67
      3.2.2.6 Zusammenfassung 69
   3.2.3 Logistische Gesichtspunkte der Wandlungsfähigkeit 70
      3.2.3.1 Kooperation in Netzwerken 71

3.2.3.2 Verlängerte Werkbank 72

3.2.3.3 Lean-Prinzipien und Wandlungsfähigkeit 73

3.2.3.4 Mangelnde Investition in Wandlungsfähigkeit 73

3.2.4 Technologische Gesichtspunkte der Wandlungsfähigkeit 74

3.2.4.1 Wandlungsfähigkeit von Maschinen und Anlagen 75

3.2.4.2 Technologische Schnittstellen 77

3.3 Flexibilität durch Technologieeinsatz? – Nutzung und Erfolgswirkung flexibilitätsfördernder Technologien 78

    3.3.1 Flexibilitätsvorteile durch einen abgestimmten Kanon von Organisationskonzepten und Technologienutzung 78

    3.3.2 Erfolgswirkung flexibilitätsorientierter Technologien 80

    3.3.3 Verbreitung flexibilitätsorientierter Technologien 85

    3.3.4 Fazit 91

3.4 Management der Wandlungsfähigkeit – Forschungsbedarf für die Produktion von morgen 93

    3.4.1 Vorgehensweise 93

    3.4.2 Vier Phasen der Wandlungsfähigkeit 94

    3.4.3 Problemstellung Schnittstellen in Fabriken 96

    3.4.4 Problemstellung Netzwerke 98

    3.4.5 Fazit 100

4 Öffentlicher Diskurs 102

    4.1 Einführung 102

    4.2 Fallbeispiele 105

4.2.1 Fallbeispiel teamtechnik – Prozessmodulare Anlagentechnik
– Idee und Ziele 105

4.2.1.1 Der Markt hat sich verändert 105

4.2.1.2 Prozessmodulare Plattform 106

4.2.1.3 Der teamtechnik-Prozesspool 107

4.2.1.4 Mensch-Prozess-Kooperation (MPK) 108

4.2.1.5 Systemvorteile 108

4.2.1.6 Die nächsten Ziele 109

4.2.2 Fallbeispiel Sennheiser – Wandlungsfähigkeit – ein Hebel zur
Wertschöpfungsmaximierung von Produktionsunternehmen 110

4.2.2.1 Fabriken 113

4.2.2.2 Produktionsmittel 114

4.2.2.3 Produkte und Prozesse 119

4.2.2.4 Informations- und Kommunikationssysteme 120

4.2.2.5 Mensch 122

4.2.2.6 Fazit 123

4.2.3 Fallbeispiel BMW – Wandlungsfähigkeit
– Mehr als Flexibilität aus Sicht eines OEMs 124

4.2.3.1 Von der Flexibilität zur Wandlungsfähigkeit 124

4.2.3.2 Wandlungsfähigkeit im Produktionsnetzwerk 127

4.2.3.3 Herausforderungen für Forschung und Industrie 129

4.2.4 Fallbeispiel EMAG – Wandlungsfähige Produktionssysteme
aus der Sicht eines Anlagenbauers 130

4.2.4.1 Vorstellung der EMAG-Gruppe 130

4.2.4.2 Moderne Wertschöpfungsketten als Treiber für Wandlungsfähigkeit ... 131

4.2.4.3 Stand der Technik bei wandlungsfähigen Werkzeugmaschinen ... 132

4.2.4.4 Wandlungsfähigkeit als Überlebensstrategie ... 132

4.2.4.5 Forschungsbedarf aus unserer Sicht ... 133

4.3 Ergebnisse der Workshops ... 134

    4.3.1 Workshop 1 - Wandlungsfähigkeit in der Produktion ... 134

        4.3.1.1 Ausgangssituation und Problemstellung ... 134

        4.3.1.2 Forschungsbedarf und Diskussion ... 135

        4.3.1.3 Hemmnisse und offene Fragen ... 137

    4.3.2 Workshop 2 – Fertigungssteuerung & Logistik – Mensch & Organisation ... 138

        4.3.2.1 Ausgangssituation und Problemstellung ... 138

        4.3.2.2 Forschungsbedarf und Diskussion ... 138

        4.3.2.3 Hemmnisse und offene Fragen ... 140

    4.3.3 Workshop 3 - Wandlungsfähigkeit im Netzwerk ... 143

        4.3.3.1 Ausgangssituation und Problemstellung ... 143

        4.3.3.2 Diskussion und offene Fragen ... 143

        4.3.3.3 Forschungsbedarf ... 145

5 Zusammenfassung: Wandlungsfähigkeit – (k)ein Thema der Zukunft ... 146

5.1 Themenfeld Schnittstellen ... 146

5.2 Themenfeld Netzwerke ... 148

    5.3   Ausblick 149

6   Literaturverzeichnis... 151

7   Autorenverzeichnis 162

Abbildungsverzeichnis

Abbildung 1: Vorgehensweise der Voruntersuchung WPS 18

Abbildung 2: Produktionssystem in der turbulenten Umwelt 23

Abbildung 3: Abgrenzung von Flexibilität und Wandlungsfähigkeit 25

Abbildung 4: Übersicht über die Wandlungsbefähiger 28

Abbildung 5: Wirkmodell der Wandlungsfähigkeit eines Produktionssystems 30

Abbildung 6: Untersuchungsbereiche 35

Abbildung 7: Häufigkeitsverteilung der Behandlung von Rezeptoren 36

Abbildung 8: Häufigkeit der Behandlung von Wandlungsbefähigern 37

Abbildung 9: Häufigkeit der Behandlung von Ebenen der Wandlungsfähigkeit 38

Abbildung 10: Häufigkeit von technischer Betrachtung oder Methode 39

Abbildung 11: Analyseschema Betriebsbegehungen 49

Abbildung 12: Einige Ergebnisse der Selbsteinstufungen 51

Abbildung 13: Potentiale der Wandlungsfähigkeit 65

Abbildung 14: Arbeitspolitische Chancen und Problemfelder der Wandlungsfähigkeit 69

Abbildung 15: Die ISI-Erhebung Modernisierung der Produktion 2006 80

Abbildung 16: Einfluss der Nutzung ausgewählter Technologien auf Flexibilitätszielgrößen 82

Abbildung 17: Technologieeinsatz nach Differenzierungsstrategien im Wettbewerb 84

Abbildung 18: Verbreitung von PPS/ERP-Systemen nach Branchen 86

Abbildung 19: CAM-Verbreitung nach Produktkomplexität 88

Abbildung 20: IR- und SCM-Verbreitung nach Seriengröße 89

Abbildung 21: Modell der Vier Phasen der Wandlungsfähigkeit 94

Abbildung 22: Beispiel einer rekonfigurierbaren Maschine 97

Abbildung 23: Wandlungsfähigkeit in Wertschöpfungsketten 100

Abbildung 24: Themengliederung Öffentlicher Diskurs 104

Abbildung 25: Prozessmodul Roboter 106

Abbildung 26: TEAMOS Systembaukasten 107

Abbildung 27: Bauformen 108

Abbildung 28: Integration der Prozessmodule in ein TEAMOS-Montagesystem 109

Abbildung 29: Entwicklung der weltweiten Globalisierung 111

Abbildung 30: Entwicklung der Globalisierung nach Regionen 112

Abbildung 31: Wandlungsfähiges Produktionsgebäude im Schnitt, Entwurf Reichardt Architekten, Essen 114

Abbildung 32: Montageeinheit mit hohem Integrationsgrad 115

Abbildung 33: Montageeinheit mit variablen Prozessmodulen der Firma XENON Automatisierungstechnik GmbH 116

Abbildung 34: Frei programmierbare Montageeinheiten zur Herstellung von Miniaturbaugruppen, eine Studie der Firmen XENON Automatisierungstechnik GmbH und Sennheiser electronic GmbH 117

Abbildung 35: SMD Fertigung gestern 118

Abbildung 36: SMD Fertigung heute 118

Abbildung 37: Elemente der Lean Transformation 120

Abbildung 38: Kommunizierende Produktionseinheiten und Systeme 122

Abbildung 39: Das aktuelle Produktionsnetzwerk der BMW Group 124

Abbildung 40: Netzwerkflexibilität 125

Abbildung 41: Variantenneutrales Hauptband 126

Abbildung 42: Die Balance zwischen Flexibilität und Wandlungsfähigkeit... 127

Abbildung 43: Digitale Fabrik 128

Abbildung 44: Lieferant kompletter Prozessketten 131

Abbildung 45: Eine Innovation als Antwort auf die Probleme dieser Zeit 133

Abbildung 46: Forschungsbedarfe im Bereich der Wandlungsfähigkeit in Wertschöpfungsketten 145

1 Einleitung: Wandlungsfähige Produktionssysteme – der Zukunft einen Schritt voraus

Daniel Berkholz, IFA

1.1 Die Ausgangslage

Das produzierende Gewerbe ist nach wie vor Taktgeber der wirtschaftlichen Entwicklung in Deutschland. 2007 wurden 26 % der Bruttowertschöpfung vom produzierenden Gewerbe erwirtschaftet, fast 540 Mrd. Euro (Statistisches Bundesamt, 2007). Des Weiteren werden 87 % der deutschen Exporte ebenfalls vom produzierenden Gewerbe erbracht.

Die Wettbewerbsfähigkeit der deutschen Industrie hat sich in den vergangenen Jahren unter rasch wandelnden Marktbedingungen behauptet. Dieser Wandel ist charakterisiert durch die rasante Ausbreitung neuer Technologien, neue oft sehr offensive Wettbewerber, eine immer dichtere Vernetzung der Güter- und Kapitalströme und zugleich eine Fragmentierung und dynamische Neukonfiguration der Wertschöpfungsketten. Der Markt wird unkalkulierbarer. Produkte werden in zunehmender Modellvielfalt nachgefragt, die Produktlebenszyklen werden kürzer, Nachfragezahlen schwanken immer stärker.

Um seine Wettbewerbsfähigkeit zu erhalten, muss das produzierende Gewerbe in Deutschland in der Lage sein, auf diese Marktturbulenzen, die von der Ausnahme zur Regel werden, schnell und flexibel zu reagieren. Das neue, turbulente Wettbewerbsumfeld bietet die Chance, den herkömmlichen Markenzeichen der deutschen Industrie – Qualität und Zuverlässigkeit – ein neues hinzuzufügen: Die Fähigkeit, nicht nur hochflexibel auf Marktturbulenzen reagieren zu können, sondern zugleich den Wandlungsdruck, den diese Turbulenzen erzeugen, in eine nachhaltige und langfristig angelegte Produktionsstrategie von vornherein einzubinden und damit bereits durch die Produktionsweise vorwegzunehmen. Eine solche Wandlungsfähigkeit der Produktionssysteme reagiert nicht länger nur möglichst kurzfristig auf Turbulenz, sondern systematisiert sie zu einer nachhaltigen Strategie.

1.2 Wandlungsfähige Produktionssysteme

Damit Produktionssysteme den Grad an Wandlungsfähigkeit erreichen, der ein erfolgreiches Agieren auf turbulenten und innovationshungrigen Märkten ermöglicht, ist es nicht ausreichend, nur Produktionstechnik und -methoden entsprechend weiter zu entwickeln. Management und Mitarbeiter müssen den Wandel tragen, die Organisation muss darauf abgestimmt werden.

Wandlungsfähigkeit bedeutet weit mehr, als Produktionssysteme bloß auf eine gewisse Flexibilität hin auszulegen. Flexibilität bedeutet lediglich, dass bei der Planung eines Produktionssystems einige zu erwartende Veränderungen wie etwa Schwankungen bei den Stückzahlen oder Produktvarianten berücksichtigt werden und innerhalb einer vorab starr festgelegten Bandbreite ohne größeren Aufwand realisiert werden können. Flexibilität erreicht ein Produktionssystem somit schon dadurch, dass für bestimmte Maschinen der Austausch bestimmter, standardisierter Funktionseinheiten vorgesehen ist, um beispielsweise Produktvarianten herzustellen. Dies geschieht jedoch in den vorab festgelegten Grenzen.

Wandelbarkeit geht über Flexibilität hinaus, indem sie es ermöglicht, auf Entwicklungen zu reagieren, die zum Zeitpunkt der Planung eines Produktionssystems noch nicht vorhersehbar waren. Wandelbarkeit ist gegeben, wenn beispielsweise starke Nachfrageschwankungen sich nicht nur innerhalb eines bestimmten Stückzahlenkorridors auffangen lassen, sondern diese Korridore selbst flexibel an die jeweils herrschende Nachfrage angepasst werden können.

Wandlungsfähigkeit besteht also in dem Vermögen, auch über vorgehaltene Korridore hinaus Veränderungen in Organisation oder Technologie umsetzen zu können, ohne bestimmte, durch die Konzeption des Produktionssystems bereits fest vorgegebene Machbarkeitsgrenzen beachten zu müssen. Wandlungsfähige Produktionssysteme werden so konzipiert, dass sie für künftige Entwicklungen offen sind und Freiräume bieten, nicht vorhergesehene Funktionen und Fähigkeiten in das bestehende System zu integrieren.

Eine Maschine wäre dann wandlungsfähig, wenn sie sich durch Funktionseinheiten modifizieren lässt, die erst durch eine unerwartete Entwicklung oder technologische Neuerung notwendig oder möglich wurden. Von einer wandlungsfähigen Fabrik spräche man, wenn sie, angefangen beim einzelnen Arbeitsplatz, über ganze Produktionslinien bis hin zu den Gebäuden so modular angelegt wäre, dass sich ihre einzelnen Bereiche neu kombinieren, an der einen Stelle erweitern, an anderer zurückbauen ließen und es so ermöglichten, auf sich plötzlich ändernde Marktkonstellationen mit einer hochdynamischen Produktpolitik zu antworten.

Das Ziel ist dabei keineswegs eine maximale Wandlungsfähigkeit, die meist unnötig und mit zu hohen Kosten verbunden ist. Ideal wäre ein Produktionssystem, dessen Wandlungsfähigkeit nur später tatsächlich eintretende Anforderungen berücksichtigt. Da aber Marktturbulenzen genau solche präzise planbaren Veränderungen zunehmend zur Ausnahme werden lassen, muss es darum gehen, die für jedes einzelne Unternehmen optimale Balance zwischen maximaler und idealer Wandlungsfähigkeit zu finden. Das Leitbild ist daher eine anforderungsgerechte Wandelbarkeit, die auf realitätsnahen, hinreichend wahrscheinlichen, aber Unwägbarkeiten angemessen berücksichtigenden Szenarien fußt. Damit diese anspruchsvolle Idee optimal umgesetzt werden kann, bedarf es gemeinsamer Forschungsanstrengungen von Industrie und Wissenschaft, von der Entwicklung von Produktinnovationen über praxisnahe Forschung bis hin zur Grundlagenforschung über industrielle Produktionsweisen und Organisationsformen in Zeiten globalisierter Märkte.

1.3 Rahmenkonzept "Forschung für die Produktion von morgen"

Der Organisation und Förderung dieser notwendigen Forschungen zur aktiven Gestaltung des technologischen, sozialen und ökologischen Wandels dient das Rahmenkonzept "Forschung für die Produktion von morgen", das vom Bundesministerium für Bildung und Forschung (BMBF) im Jahr 1999 aufgelegt wurde, und das auch den Förderrahmen der vorliegenden Untersuchung darstellt. Ziel des Rahmenkonzepts ist es, Forschung und Entwicklung für die industrielle Produktion zu stärken, ganzheitliche und nachhaltige Lösungen für Produktionssysteme zu erforschen, die Zusammenarbeit zwischen Forschungseinrichtungen und Industrie zu intensivieren, die breite Anwendung von Forschungsergebnissen in kleinen und mittleren Unternehmen zu unterstützen, die Zusammenarbeit in Unternehmensnetzwerken zu fördern und Anstöße zu geben zur Intensivierung der beruflichen Aus- und Weiterbildung der Fachkräfte im produzierenden Gewerbe (BMBF, 1999). Die hierzu notwendige Forschung wird in vier Handlungsfelder unterteilt, die in engem Bezug zueinander gesehen werden:

- Marktorientierung und strategische Produktplanung,
- Technologien und Produktionsausrüstungen,
- neue Formen der Zusammenarbeit produzierender Unternehmen und
- der Mensch und das wandlungsfähige Unternehmen.

1.4 Voruntersuchung "Wandlungsfähige Produktionssysteme (WPS)"

Im Rahmen dieses Konzepts orientiert sich die vorliegende Untersuchung zu wandlungsfähigen Produktionssystemen insbesondere am Handlungsfeld Technologien und Produktionsausrüstungen. Ihre Zielsetzung besteht darin, den für eine Steigerung der Wandlungsfähigkeit von Produktionssystemen bestehenden Handlungsbedarf für Industrie und Wissenschaft zu identifizieren und daraus den konkreten Forschungsbedarf abzuleiten.

Dazu bedarf es zunächst der Formulierung eines systematisch konzipierten Leitbildes für wandlungsfähige Produktionssysteme. Der Forschungsstand in Industrie und Wissenschaft muss festgestellt und abgeglichen werden. Und schließlich muss die Untersuchung drei Dimensionen von Wandlungsfähigkeit berücksichtigen:

1) Objekte und Subjekte von Wandlungsfähigkeit,

2) Methoden zur Bestimmung und Realisierung von Wandlungsfähigkeit und

3) Branchen, für die Wandlungsfähigkeit sich eignet.

Die Voruntersuchung wurde daher in vier Phasen unterteilt:

- Sie begann mit einer *Definitionsphase*, in der ein erster Entwurf eines Leitbildes für den Begriff der Wandlungsfähigkeit erstellt und terminologisch ausgestaltet wurde: Was sind Wandlungstreiber? Was sind Wandlungsbefähiger? Wie lassen sich Produktionssysteme systematisieren?
- Aufgrund dieser Ergebnisse konnte in der folgenden *Analysephase* bestimmt werden, in welchem Grade Wandlungsfähigkeit bei Objekten und Subjekten einerseits, Methoden andererseits bereits realisiert ist. Dabei wurde unterschieden zwischen der wissenschaftlichen und der anwen-

dungsorientierten Sichtweise, der Stand der Wissenschaft festgestellt, die industrielle Umsetzung von Wandlungsfähigkeit erhoben und es wurden branchenspezifische Fallstudien durchgeführt. Das zuvor entwickelte Leitbild wurde dabei kontinuierlich angepasst.

- In der *Synthesephase* wurden die Ergebnisse der ersten beiden Phasen zusammengeführt. Im Rahmen eines Workshops fand ein Austausch mit den parallel durchgeführten Voruntersuchungen zur wandlungsfähigen Organisation und zur Produktionslogistik statt. Diese Phase diente insbesondere der Verifizierung des erkannten Forschungs- und Handlungsbedarfs.

- Die abschließende *Ergebnisphase* diente der Aufbereitung und Kommunikation der erzielten Erkenntnisse. Dazu wurde die Broschüre „Wandlungsfähige Produktionssysteme" erstellt sowie ein gleichnamiger Film produziert. Zudem wurde am 13.02.2008 der öffentliche Diskurs WPS im Produktionstechnischen Zentrum Hannover (PZH) durchgeführt, auf dem der erkannte Forschungsbedarf ein weiteres Mal zur Diskussion gestellt wurde. Ziel der Ergebnisphase war es, sowohl in die industrielle Praxis als auch in die Forschung hinein Anstöße zu geben für die weitere Erforschung und die Umsetzung von Wandlungsfähigkeit.

Diese Projektphasen wurden, wie in Abbildung 1 dargestellt, teilweise parallel und iterativ organisiert, so dass eine ständige Rückkoppelung der jeweiligen Ergebnisse möglich wurde.

Der vorliegende Projektbericht orientiert sich im Aufbau an den Projektphasen. Kapitel 2 gibt eine allgemeine Einführung in das Thema Wandlungsfähigkeit. Kapitel 3 bildet Analyse- und Synthesephase ab: Der Stand von Forschung und Technik werden referiert, die Ergebnisse der Fallstudien dargestellt und die Rückschlüsse auf das Leitbild entwickelt. Kapitel 4 zeichnet den öffentlichen Diskurs anhand von vier Fallbeispielen sowie Berichten der durchgeführten Workshops nach. Zusammenfassung und Ausblick beschließen den Band (Kapitel 5).

Wandlungsfähige Produktionssysteme – der Zukunft einen Schritt voraus

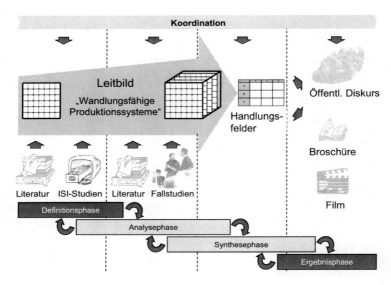

Abbildung 1:   Vorgehensweise der Voruntersuchung WPS

2 Wandlungsfähigkeit als Ziel der Produktionssystemgestaltung

Tobias Heinen, IFA
Christoph Rimpau, iwb
Arno Wörn, PTW

2.1 Einleitung

Eine wirtschaftliche Produktion in Deutschland ist zu einer anspruchsvollen Herausforderung geworden, da Produktionsunternehmen heute einem sich rasch wandelnden Umfeld ausgesetzt sind (Lopitzsch, 2005, Nyhuis et al., 2005, Reinhart et al., 1999, Reinhart und Selke, 1999, Wiendahl et al., 2007). Um wettbewerbsfähig zu bleiben, müssen sich Produktionssysteme daher schnell an Veränderungen des Umfeldes anpassen können. In diesem Kontext kommt der reaktiven wie der proaktiven Veränderungsfähigkeit von Produktionsunternehmen eine große Bedeutung zu. Diese Fähigkeit erfordert wandlungsfähige Produktionssysteme, welche schnell und effizient die geforderte strukturelle Anpassung ermöglichen. Diese bieten damit einen doppelten Produktionsvorteil für den Standort Deutschland. Einerseits stellen sie einen wichtigen Bestandteil zur Sicherung der Produktion und damit von Arbeitsplätzen in Deutschland im Allgemeinen dar. Andererseits werden dadurch die deutschen Lieferanten für produktionstechnische Ausrüstungen durch die Perspektive eines neuen Produktfeldes „Wandlungsfähiges Produktionssystem" gestärkt. Deren Weltmarktposition kann somit gesichert oder sogar ausgebaut werden.

Die Zielsetzung ist es daher im Rahmen dieses Kapitels, zunächst den grundlegenden Handlungsbedarf und darauf aufbauend den Forschungsbedarf für Industrie und Wissenschaft hinsichtlich einer Steigerung der Wandlungsfähigkeit von Produktionssystemen zu identifizieren.

Dies erfordert zunächst die systematische Konzeption, Modellierung und Definition eines allgemeingültigen Leitbildes für wandlungsfähige Produktionssysteme, welches im Folgenden vorgestellt wird. Um zu Beginn ein einheitliches Verständnis über das Produktionssystem, die einwirkenden Turbulenzen und die Wandlungsfähigkeit zu erlangen, sind diese Begriffe einleitend kurz definiert. Eine detailliertere Betrachtung der Begrifflichkeiten wird im Kapitel 2.3 erarbeitet. Anschließend werden die Befähiger der Wandlungsfähigkeit vorgestellt, bevor abschließend ein Überblick über die Vorgehensweise bei den Untersuchungen im Forschungsprojekt gegeben wird.

2.2 Produktionssysteme in einer turbulenten Umwelt

2.2.1 Definition Produktionssystem

Ein Produktionssystem bezeichnet ein soziotechnisches System, welches Input (z. B. Know-how, Methoden, Material, Finanzmittel, Energie) in wertschöpfenden (z. B. Fertigung oder Montage) und assoziierten Prozessen (z. B. Transport) zu Output (z. B. Produkte, Kosten, Reststoffe) transformiert. Die Aufgabe des Produktionssystems ist die Herstellung eines End- oder Zwischenproduktes. Der innere Aufbau und die Steuerung des Ablaufs der Prozesse stellt eine durch die Aufbau- und Ablauforganisation definierte Aufeinanderfolge von Transformationen dar (Eversheim, 1996). Es stehen aus organisatorischer Sicht nur diejenigen Aspekte im Fokus, die unmittelbar für die Auftragsabwicklung notwendig sind (z. B. Erstellen von Arbeitsplänen). Im zu Grunde liegenden Verständnis werden Produktionssysteme aus volkswirtschaftlicher Sicht dem Industriebetrieb zugeordnet. Dies umfasst demnach unterschiedlichste Branchen der industriellen Produktion.

Die Prozesse werden durch die zugeordneten technischen Ressourcen sowie den Menschen erzeugt. Zu den technischen Ressourcen gehören neben Fertigungs- und Montageeinrichtungen unter anderem auch Systeme zur Sicherstellung der Qualität, IT-Systeme, Planungs- und Steuerungssysteme oder die gesamte Infrastruktur zur Aufrechthaltung der Produktion. Der Mensch wiederum ist durch seine Kompetenzen und Fähigkeiten charakterisiert. Das zur Durchführung des Prozesses benötigte Wissen (beispielsweise die zu verwendenden Schweißparameter bei einem Laserstrahlschweißprozess) wirkt in Form von Prozessinputs und Einflussgrößen z. T. über den Menschen auf den Produktionsprozess ein. Der innere Aufbau des Produktionssystems, d. h. die Auswahl der Systemelemente und deren Verbindung zueinander, wird durch Methoden determiniert und bestimmt somit die Aufbau- und die Ablauforganisation. Das Produktionssystem ist folglich ein Zusammenwirken von Organisation, Ressourcen, Menschen und Methoden (vgl. Abbildung 2) (Cisek et al., 2002).

Da das Produktionssystem der Herstellung eines Produktes dient und aus volkswirtschaftlicher Sicht dem Industriebetrieb zuzuordnen ist, kann es sowohl nur eine Maschine beinhalten als auch ein ganzes Produktionsnetz einschließen (Dyckhoff, 1994). Dementsprechend lässt es sich in unterschiedliche Ebenen untergliedern. Auf der höchsten Produktionsebene liegt das Netzwerk, das mehrere Werke oder Fabriken im Verbund enthält. Die Fabrik besteht aus verschiedenen Bereichen, beispielsweise der Bündelung mehrerer Produktionseinheiten in Montage- oder Fertigungsbereichen. Diese wiederum bestehen aus der Verknüpfung einzelner Arbeitsstationen. Die Maschinen, aus denen die gesamte Arbeitsstation zusammengesetzt ist, lassen sich in Maschinenmodule und Submodule zerlegen. Letztere repräsentieren die unterste Ebene eines Produktionssystems. Die Ebenen bauen hierarchisch aufeinander auf, d.h. dass die höheren Ebenen die jeweils tieferen umfassen.

2.2.2 Turbulenzen

Auf das Produktionssystem können externe Störgrößen aus dem Produktionsumfeld einwirken. Sie sind aktuell geprägt durch eine Vielzahl sich überlagernder und gegenseitig beeinflussender Faktoren, die sich in ihrem Zusammenwirken verstärken und ein turbulentes Umfeld zur Folge haben (Cisek et al., 2002). Diese Faktoren erzeugen auf allen Ebenen des Produktionssystems einen Veränderungsdruck und werden als so genannte Wandlungstreiber bezeichnet (Wiendahl et al., 2005). Sie entstammen verschiedenen Einflussbereichen: Technologie (z. B. veränderte Produktlebenszyklen), Umwelt (z. B. zunehmende Ressourcenverknappung), Politik (z. B. zunehmende Deregulierung), Gesellschaft (z. B. individualisierte Kundenwünsche) oder Ökonomie (z. B. verändertes Nachfrageverhalten). Darüber hinaus entstehen aber auch in dem Produktionssystem selbst innere Turbulenzen, die wiederum Veränderungen des aktuellen Zustands erfordern.

Die Einflussfaktoren aus dem turbulenten Unternehmensumfeld wirken aber nur über bestimmte Kanäle auf die Produktion, da verschiedene Turbulenzfaktoren z. T. identische Auswirkungen haben. Die Entscheidung, welcher vom Produktionssystem oder vom Umfeld kommende Reiz auf welchen Kanal wirkt, hängt von der Entscheidung einer strategischen Steuerungsebene ab. Diese legt fest, wie ein Unternehmen auf Änderungen von außen oder innen reagiert. Entwicklungen im Umfeld sind also zunächst zu interpretieren. Eine solche Übersetzung ist notwendig, da oft mehr als eine Möglichkeit existiert, in Abhängigkeit von der jeweiligen Unternehmensstrategie auf Änderungen zu reagieren.

Zur Beschreibung dieses Phänomens dient die Analogie zu einem Rezeptor. In der Biologie wird ein Rezeptor beschrieben als "Empfangseinrichtung einer Zelle oder eines Organs bzw. Systems", die "für spezifische Reize empfindlich" ist und welche die Funktionen Signalempfang und -übermittlung übernimmt (Roche, 1999). Angelehnt an die Definition übernehmen die Rezeptoren diese Aufgaben für das Produktionssystem; jeder einzelne Rezeptor ist also nur für spezifische Reize sensibel, d. h. Reize, für die keine entsprechende "Empfangseinrichtung" vorhanden ist, werden nicht an die Produktion weitergeleitet. Die Rezeptoren, die dem Verständnis des Projektes zugrunde liegen, sind *Produkt* bzw. Produktvarianten, *Kosten, Zeit, Stückzahl, Qualität* und *Systemelemente*. Dieser letztgenannte Rezeptor beschreibt die Menge aller Elemente, aus denen das Produktionssystem selbst aufgebaut ist.

Eine neu am Markt verfügbare Technologie resultiert nicht zwangsläufig in einer Änderung des Produktionssystems. Sie wird jedoch zu einer Turbulenz, wenn die strategische Steuerungsebene den verbindlichen Einsatz der neuen Technologie in der Produktion vorschreibt. Die Ressourcen, welche die vorherige Technologie genutzt haben, wären dann nicht mehr zulässig. Eine Veränderung ist somit notwendig. Alle im turbulenten Umfeld entstehenden Anforderungen lassen sich für die Produktion durch die Veränderung einer oder mehrerer dieser sechs Größen abbilden (Cisek et al., 2002).

Die Notwendigkeit der strategischen Steuerungsebene verdeutlicht folgendes Beispiel: Das Unternehmen sieht sich mit einer Sättigung des Absatzmarktes konfrontiert. Reagiert die Unternehmensleitung nicht, sinkt die Gesamtstückzahl, was eine Veränderung des Rezeptors Stückzahl zur Folge hat. Die Unternehmensleitung kann sich jedoch auch für die Strategie entscheiden, die Kosten zu senken. In diesem Fall entspräche dies der Veränderung des Rezeptors Kosten. Schließlich ist es aber auch seitens des Unternehmens möglich, der Sättigung der Märkte mit der Einführung eines neuen Produktes oder mit der Erhöhung der Qualität zu begegnen. Demnach wären die Rezeptoren Produkt bzw. Qualität betroffen.

Einen Sonderfall nimmt der Rezeptor „Systemelemente" ein: Verändert sich etwa die Gesetzeslage derart, dass auf dem Betriebsgrundstück mehr Löschwasser vorgehalten werden soll, muss sich das Produktionssystem selbst verändern (in-

Wandlungsfähige Produktionssysteme

dem etwa das Betriebsgrundstück durch einen neuen Tank vergrößert wird). In diesem Fall ist allerdings kein weiterer Rezeptor betroffen.

Aufgrund der über die Rezeptoren wirkenden Turbulenzen ist eine Adaption des Produktionssystems notwendig, um effizient produzieren zu können. Da das Produktionssystem als ein Zusammenwirken von Organisation, Ressourcen, Menschen und Methoden betrachtet wird, müssen diese Elemente befähigt werden, eine Veränderung durchzuführen.

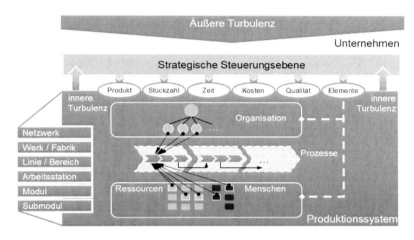

Abbildung 2: Produktionssystem in der turbulenten Umwelt

2.3 Wandlungsfähigkeit als Lösungsstrategie

Die Veränderungen an Organisation, Ressourcen, Menschen und Methoden müssen frühzeitig und vorausschauend auf allen betrachteten Ebenen durchführbar sein, um auf interne und externe Impulse wirtschaftlich reagieren zu können. Die Wandlungsfähigkeit stellt als vorgedachter Freiraum eine Eigenschaft des Produktionssystems dar, um auf die externen Veränderungen des turbulenten Unternehmensumfeldes und den daraus hervorgerufenen internen Veränderungsdruck reagieren zu können (Hernández, 2003, Sudhoff et al., 2006). Daneben existieren in der Literatur weitere unterschiedliche Begriffe, was eine Erläuterung und Abgrenzung erforderlich macht (s.u.a. (Hartmann, 1995, Reinhart, 2000, Wiendahl,

2002, Wirth et al., 2000)). Eine detailliertere Analyse der Wandlungsfähigkeit in der bestehenden Literatur erfolgt im Kapitel 3.1.

2.3.1 Begriffsabgrenzung

Die Flexibilität beschreibt die Fähigkeit eines Produktionssystems, sich schnell und nur mit sehr geringem finanziellen Aufwand an geänderte Einflussfaktoren anzupassen. Die Veränderungen, d. h. die möglichen erreichbaren Systemzustände, sind im Kontext der Flexibilität durch vorgehaltene Maßnahmenbündel definiert und durch zum Zeitpunkt der Planung festgelegte Fähigkeitskorridore begrenzt (Abele et al., 2006), d. h. beispielsweise, dass innerhalb dieser Korridore in einem vorab festgelegten Ausmaß eine Stückzahlveränderung aufgefangen werden kann.

Die Wandlungsfähigkeit hingegen wird als Potential verstanden, auch jenseits der vorgehaltenen Korridore organisatorische und technische Veränderungen bei Bedarf reaktiv oder sogar proaktiv durchführen zu können (Reinhart et al., 2002, Zäh et al., 2004). Dies bedeutet, dass die Korridore sowohl nach oben als auch nach unten verschoben werden können (vgl. Abbildung 3). Wandlungsfähige Systeme besitzen daher bei ihrer Implementierung keine expliziten Grenzen und sind weitestgehend lösungsneutral (Cisek et al., 2002), die Freiräume für mögliche Veränderungen wurden jedoch vorgedacht. Die aufgrund veränderter Umfeldfaktoren notwendige Anpassung ist mit zusätzlichen Investitionskosten und Zeitaufwand verbunden, der jedoch erst bei der Durchführung der Veränderung entsteht. Darüber hinaus werden im Falle der Wandlungsfähigkeit nach einer Umstellung zumindest Teile des bestehenden Produktionssystems weiterhin genutzt (vgl. Abbildung 3). Anzumerken ist hier ebenfalls, dass die Wandlungsfähigkeit nicht unabhängig von der Flexibilität gesehen werden kann. Wird von vornherein eine so hohe Flexibilität vorgehalten, dass das Unternehmen sich an alle Veränderungen anpassen kann, ist eine wandlungsfähige Lösung nicht mehr notwendig. Wirtschaftlich gesehen stellt diese Lösung jedoch die unvorteilhaftere dar.

Wandlungsfähige Produktionssysteme

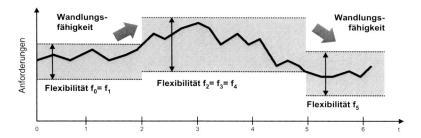

Abbildung 3: Abgrenzung von Flexibilität und Wandlungsfähigkeit (Zäh et al., 2005)

Unter Berücksichtigung der beiden Definitionen lassen sich die Begriffe Rekonfigurierbarkeit, Umrüstbarkeit und Agilität, die ebenfalls im Umfeld der Wandlungsfähigkeit angesiedelt sind, abgrenzen. Die Rekonfigurierbarkeit fokussiert spezielle Fertigungseinrichtungen, welche die Vorteile von hochspezialisierten und damit für definierte Aufgaben sehr effizienten Systemen mit denen von anpassungsfähigen und flexiblen Systemen verbinden sollen. Gefordert werden dafür autonome und standardisierte Funktionseinheiten, um innerhalb von kürzester Zeit neue Maschinenkonfigurationen zu erhalten (Heisel und Martin, 2004). Ein Beispiel ist die Veränderung eines Betriebsmittels durch austauschbare Plug & Produce-Module. Umrüstbarkeit beschreibt die Fähigkeit eines Produktionssystems, unter Einbeziehung von Rüstarbeiten unterschiedliche Produktionsvorgänge durchführen zu können und somit von einem definierten Arbeitszustand in einen anderen Arbeitszustand zu wechseln (Zahn und Schmid, 1996). Ein Beispiel bildet das Umrüsten einer Bearbeitungsmaschine, so dass ein neues Fertigungsverfahren durchgeführt werden kann. Agilität schließlich bezeichnet die strategische Fähigkeit eines Unternehmens, überwiegend proaktiv neue Unternehmensstrukturen zu entwickeln, um neue Märkte zu erschließen und die dafür notwendige Markt- und Produktionsleistung zu entwickeln (Wiendahl und Hernández, 2002). Der aus der englischsprachigen Literatur stammende Begriff „agility" wird im Bezug zur Produktion in der Regel im Kontext der Wandlungsfähigkeit verwendet und daher diesem Begriff gleichgesetzt. Die Agilität wird als eine strategisch ausgerichtete Eigenschaft eines Unternehmens gesehen und fokussiert daher neben der Produktion auch Unternehmensbereiche wie Vertrieb, Einkauf und Controlling. Damit ist dieser Begriff deutlich weiter gefasst als die Wandlungsfähigkeit.

Darüber hinaus machen die Ausführungen deutlich, dass die Rekonfigurierbarkeit und die Umrüstbarkeit jeweils im Kontext der Flexibilität wie auch in dem der Wandlungsfähigkeit gesehen werden können, ohne den angeführten Definitionen zu widersprechen. Beispielsweise entspricht die Rekonfigurierbarkeit einer Maschine, die mit Hilfe von bekannten autonomen und standardisierten Funktionseinheiten erreicht wird, dem Ansatz der Flexibilität, da in vorgehaltenen Korridoren agiert wird. Können diese Korridore jedoch verschoben werden, d. h. lassen sich zum Zeitpunkt der Planung noch nicht vorhandene Funktionseinheiten, die im Laufe des Betriebes z. B. aufgrund einer neuen Technologie hinzukamen, integrieren, ist diese Fähigkeit ein Bestandteil eines wandlungsfähigen Produktionssystems.

2.3.2 Wandlungsbefähiger

Um die angemessene Reaktionsfähigkeit des Produktionssystems, also der Organisation, der Ressourcen, der Menschen und der Methoden auf die Wandlungstreiber bzw. die Veränderung der Rezeptoren sicherstellen zu können, muss das Produktionssystem über Eigenschaften verfügen, die es zu einem Wandel befähigen. Diese werden als so genannte Wandlungsbefähiger diskutiert (in Anlehnung an (Hernández, 2003)). In der Literatur lässt sich eine Vielzahl von Wandlungsbefähigern identifizieren (s. u. a.(Heger, 2007, Koren, 2005, Wiendahl et al., 2007)), die hierarchisch in primäre und sekundäre Wandlungsbefähigern zu unterscheiden sind. Zu den primären Wandlungsbefähigern zählen Universalität, Mobilität, Skalierbarkeit, Modularität und Kompatibilität (vgl. Abbildung 4).

Die Universalität, d. h. die Dimensionierung und Gestaltung für verschiedene Anforderungen hinsichtlich Produkt oder Technologie, beschreibt zunächst die technologische Fähigkeit von z.B. Maschinen, unterschiedlichste Varianten zu produzieren. Dennoch kann Universalität auch auf den Menschen übertragen werden: Durch Schulung und Weiterbildung ist der Mensch so vielseitig einsetzbar, dass er eine Vielzahl von an ihn gestellten Aufgaben übernehmen kann und zum Wandel befähigt wird.

Der Wandlungsbefähiger Mobilität beschreibt die örtlich uneingeschränkte Bewegbarkeit von Objekten. Beispielsweise können Betriebsmittel über Rollen verfügen, damit sie leicht – evtl. sogar ohne Handhabungsmittel wie einen Hallenkran – bewegt werden können, um so ein Fabriklayout kontinuierlich an veränderte Rahmenbedingungen anzupassen. Eine hohe Mobilität wirkt sich auch in

Bezug zu den Mitarbeitern wandlungsfördernd aus: So kann etwa durch örtlich flexible Mitarbeiter die Veränderung in international verteilten Supply Nets transportiert werden.

Unter Skalierbarkeit wird die technische, räumliche und personelle Erweiter- und Reduzierbarkeit verstanden. Aus organisatorischer Sicht kann beispielsweise ein spezielles Arbeitszeitmodell die verfügbare Kapazität wandlungsfähig anpassen.

Die Modularität beschreibt die Fähigkeit eines Produktionssystems, standardisierte, funktionsfähige Einheiten oder Elemente einfach auszutauschen. Auf Ressourcenebene könnte beispielsweise die Modularität eines Industrieroboters so ausgestaltet sein, dass der Roboterarm bei neuen Reichweiteanforderungen einfach demontiert und durch einen neuen längeren Arm ersetzt werden kann.

Schließlich befähigt der Wandlungsbefähiger Kompatibilität z. B. Steuerungen von Betriebsmitteln mit Hilfe einer einheitlichen Softwareschnittstelle, sich gegenseitig zu vernetzen, um Information, Medien und Energie auszutauschen.

Daneben existieren zahlreiche Wandlungsbefähiger, die den primären untergeordnet werden, da sie grundsätzlich keinen neuen Aspekt hinzufügen, sondern vielmehr die bestehenden Befähiger ergänzen und detaillierter beschreiben. Eine vollständige Angabe dieser sekundären Wandlungsbefähiger kann aufgrund ihrer Vielzahl an dieser Stelle nicht erfolgen. Beispielsweise können kompatible Module eines Betriebsmittels nur dann mit dem Ziel der Zusammenarbeit modular aneinander gekoppelt werden, wenn sie sich nicht gegenseitig negativ beeinflussen und neutral zueinander verhalten. Neutralität ist damit eine Voraussetzung sowohl für Modularität als auch für Kompatibilität. Darüber hinaus ist Neutralität auch eine Voraussetzung für Universalität. Ein Betriebsmittel, das eine Bearbeitungsaufgabe ausführt, kann nur universell für verschiedene Teile (z. B. Größe, Gewicht, Material) eingesetzt werden, wenn diese nicht unzulässig beeinflusst oder gar beschädigt werden. Schließlich kann Neutralität auch als eine Voraussetzung für Skalierbarkeit gesehen werden. Ein neutrales Stützenraster, das so weit ist, dass ein Fabriklayout restriktionsfrei geplant werden kann, unterstützt eine leicht durchführbare Erweiterung oder Reduzierung (Heger, 2007). Für die Voruntersuchung sind nur die primären Wandlungsbefähiger betrachtet worden.

Wandlungsfähigkeit als Ziel der Produktionssystemgestaltung

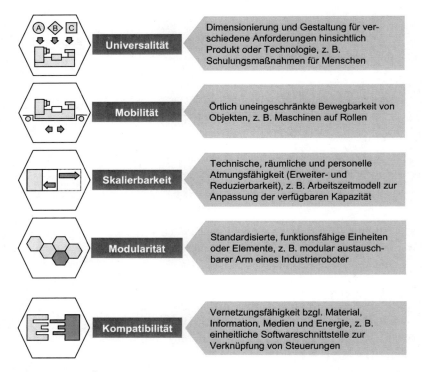

Abbildung 4: Übersicht über die Wandlungsbefähiger (Nyhuis et al., 2007)

Für die primären Wandlungsbefähiger können verschiedene Stufen von Erfüllungsgraden definiert werden (Heger, 2007, Nyhuis et al., 2005). Je stärker eine wandlungsbefähigende Eigenschaft ausgeprägt ist, desto wandlungsfähiger ist die betrachtete Ressource. So wird etwa ein Betriebsmittel als stärker wandlungsfähig angesehen, wenn es mobiler, d.h. leichter zu bewegen ist; ein Betriebsmittel auf Rollen wird demnach als wandlungsfähiger angesehen als eines, das nur mit Hilfe eines Krans bewegt werden kann. Eine Methode zur Bestimmung des optimalen Grades an Mobilität ermöglicht die optimale Nutzung dieses Wandlungsbefähigers für die Ressourcen.

2.4 Entwicklung eines Leitbildes für wandlungsfähige Produktionssysteme

Die vorhergehenden Ausführungen zeigen, dass es mit den Wandlungsbefähigern möglich ist, auf allen Ebenen eines Produktionssystems effizient auf die Turbulenzen zu reagieren. Im Rahmen der Voruntersuchung ist ein theoretisches Modell entwickelt worden, mit dem die Untersuchungen durchgeführt worden sind. Dieses fußt auf der Kombination von Rezeptoren mit Wandlungsbefähigern auf jeder Ebene des Produktionssystems (vgl. Abbildung 5). Jedem dieser Wirkzusammenhänge lassen sich technische, organisatorische, menschbezogene (also beispielsweise notwendige Qualifizierungen, die die Kompetenzen des Mitarbeiters erweitern, und somit die Wandlungsfähigkeit des Produktionssystems erhöhen) und methodische Lösungen zur Erhöhung der Wandlungsfähigkeit zuordnen. Beispielsweise kann die Kapazität mit Hilfe eines speziellen Arbeitszeitmodells auf Fabrikebene (entspricht der betrachteten Ebene des Produktionssystems) so skaliert (entspricht dem betrachteten Wandlungsbefähiger) werden, dass sich die Wandlungsfähigkeit des Produktionssystems in dieser Hinsicht erhöht und somit Stückzahlschwankungen (entspricht dem betrachteten Rezeptor) leicht ausgeglichen werden können. Darüber hinaus können Veränderungen am Produkt (Rezeptor) auf Bereichsebene (Ebene des Produktionssystems) und bezogen auf den Menschen durch Universalität (Wandlungsbefähiger) in den Teamstrukturen abgefangen werden. Eine Methode zur optimalen Auswahl wandlungsfähiger Arbeitsstationen ermöglicht schließlich die Anpassung des Produktionssystems auch übergreifend über mehrere Rezeptoren und Wandlungsbefähiger.

Für die Darstellung und Strukturierung dieses Wirkmodells eignet sich ein Kubus (vgl. Abbildung 5). Auf der Grundlage des Kubus können alle theoretisch möglichen Verknüpfungen von Produktionssystemebene, Wandlungsbefähiger und Rezeptor abgeleitet werden. Jeder Würfel des Kubus stellt demnach einen spezifischen Wirkzusammenhang dar. Unzulässige Kombinationen lassen sich im Vorhinein ausschließen, so dass die Komplexität der Beschreibung der Wirkzusammenhänge reduziert werden kann. Während etwa technische Ressourcen die Eigenschaft der Mobilität aufweisen können, ist dies bei einem Organisationsmodell in der Fabrik nicht möglich. Die Kombination kann daher aus den Betrachtungen ausgeschlossen werden.

Wandlungsfähigkeit als Ziel der Produktionssystemgestaltung

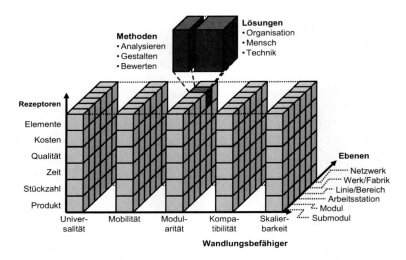

Abbildung 5: Wirkmodell der Wandlungsfähigkeit eines Produktionssystems

Für die verbleibenden Kombinationen ist es das Ziel, einen optimalen Erfüllungsgrad an Wandlungsfähigkeit festzulegen und mit konkreten wandlungsfähigen Lösungen zu hinterlegen. Dieses Ziel wird widergespiegelt im Leitbild eines optimal ausgestalteten wandlungsfähigen Produktionssystems, das in den Untersuchungen der Vorstudie hinterfragt und konkretisiert worden ist.

Als maximal wandlungsfähig wird unter Berücksichtigung des Wirkmodells ein Produktionssystem verstanden, in dem alle Elemente des Produktionssystems in der Lage sind, durch die Nutzung der auf sie bezogenen Wandlungsbefähiger zu reagieren und somit einen angepassten besseren Systemzustand herbeizuführen. Anders ausgedrückt ergeben alle organisatorischen, technologischen, menschbezogenen und methodischen Lösungen zur Wandlungsfähigkeit das maximal wandlungsfähige Produktionssystem. Ein maximaler Erfüllungsgrad an Wandlungsfähigkeit ist jedoch nicht grundsätzlich notwendig. Da Wandlungsfähigkeit in der Regel mit Mehraufwendungen verbunden ist (Koren et al., 1999, Schuh et al., 2004a, Westkämper, 2002b), muss ein ideal an die vom Einsatzfall abhängigen Randbedingungen angepasster Grad an Wandlungsfähigkeit erreicht werden. Ein ideal wandlungsfähiges Produktionssystem besteht daher nicht aus der maximal wandlungsfähigen Lösung. Vielmehr ist das Ziel, das Minimum an wandlungsfähigen Lösungen zu bestimmen, das ausreicht, um auf die unternehmensspezifischen Turbulenzen optimal zu reagieren. Das ideal wandlungsfähige Produktionssystem kann daher nicht allgemeingültig definiert werden, da dies vom betrachteten Unternehmen und den damit verbundenen spezifischen Randbedingungen abhängt. Jedes wandlungsfähige Produktionssystem muss zusätzlich über seinen Lebenszyklus dazu beitragen, das „Primat der Wirtschaftlichkeit" zu erfüllen (Westkämper, 2002a), d. h. in einem ideal wandlungsfähigen Produktionssystem ist die wandlungsfähige Lösung wirtschaftlicher als die wandlungsträge.

Folgendes Beispiel verdeutlicht, dass ein idealer Grad an Wandlungsfähigkeit nicht mit einem maximalen Grad gleichzusetzen ist. Das betrachtete Element sei eine Arbeitsstation, die eingebunden in das Gesamtproduktionssystem ist. Dies kann etwa ein Montagearbeitsplatz sein, der von einem Transportsystem mit Teilen zur Montage beliefert wird und nach der Montage an eine Prüfstation liefert. Ist es aufgrund einer Änderung des Produktionsprozesses für ein Produkt (Wandlungstreiber) notwendig, die Arbeitsstation lokal anders anzuordnen, benötigt diese Mobilität (Wandlungsbefähiger). Denkbar ist, dass weitere Produktvarianten eingeführt werden, so dass neue Montageplätze integriert und die alten verschoben werden sollen. Eine hoch wandlungsfähige Arbeitsstation (z. B. eine Maschine auf Rollen) ist aber nicht zwangsläufig notwendig. Es ist ausreichend, dass die Arbeitsstation für den geforderten Wandel ausreichend mobil ist (z. B. ohne Betonfundament), d. h. dass die geforderte mit der tatsächlichen Wandlungsfähigkeit übereinstimmt. In diesem Fall wird von anforderungsgerechter Wandlungsfähigkeit gesprochen. Der geforderte Grad an Wandlungsfähigkeit kann somit vor allem szenariobasiert bestimmt werden. Die Anforderungen an die Wandlungsfähigkeit des Produktionssystems können aus möglichen Zukunftssituationen abgeleitet werden (Hernández, 2003), so dass die geforderte Wandlungsfähigkeit erkannt werden kann. Verschiedene Faktoren wirken dabei auf den geforderten Grad der Wandlungsfähigkeit ein, z. B. die Häufigkeit, die Kosten oder die Dauer des Wandels. Zusammenfassend kann festgehalten werden, dass die Bestimmung eines idealen Grades an Wandlungsfähigkeit schwierig ist, da dieser von den turbulenten Veränderungen im Umfeld abhängt. Da diese unbekannt sind, kann nur eine Annäherung an die ideale Wandlungsfähigkeit erreicht werden.

2.5 Zwischenfazit

Produktionssysteme müssen sich schnell an Veränderungen des Umfeldes anpassen können, um unter den aktuellen Randbedingungen der Produktion in

Deutschland wettbewerbsfähig zu bleiben. Produktionssysteme werden verstanden als das Zusammenwirken von Organisation, technischen Ressourcen, Menschen und Methoden, auf die über sechs Rezeptoren die Turbulenzen des Umfeldes wirken. Die Wandlungsfähigkeit stellt als vorgedachter Freiraum eine Eigenschaft des Produktionssystems dar, um auf den Veränderungsdruck von innen und außen reagieren zu können. Die Wandlungsbefähiger versetzen das Produktionssystem in die Lage, sich nachhaltig auch außerhalb geplanter Grenzen zu verändern, d. h. mit den Wandlungsbefähigern ist es möglich, auf allen Ebenen eines Produktionssystems mit Wandlungsfähigkeit auf die auf das System wirkenden Turbulenzen zu reagieren. Dieses Wirkmodell definiert den Rahmen für das Leitbild des ideal wandlungsfähigen Produktionssystems.

Das beschriebene Leitbild stellt den Bezugsrahmen und die übergeordnete Zielsetzung für die Untersuchung „Wandlungsfähige Produktionssysteme" dar. Mit dem geschilderten Wirkmodell wird es möglich, auf unterschiedliche Arten den aktuellen Erfüllungsgrad der Wandlungsfähigkeit abzuschätzen. Dieser ist in den Folgekapiteln dargestellt. Zum einen ist die nationale und internationale Literatur im Hinblick auf die Erfüllung des entwickelten Leitbildes zu untersuchen (vgl. Kapitel 3.1). Weiter sind umfangreiche informationsbasierte Fallstudien durchgeführt worden, welche die Umsetzung wandlungsfähiger Produktionssysteme in der industriellen Praxis erfasst haben (vgl. Kapitel 3.2). Schließlich konnte der Erfüllungsgrad der Wandlungsfähigkeit basierend auf einer Recherche bereits bestehender Studien, Auswertungen und industrieller Entwicklungstendenzen überprüft werden (vgl. Kapitel 3.3). Die Erkenntnisse sind zusammengefasst worden zu Arbeitsthesen (vgl. Kapitel 3.4), die auf dem Öffentlichen Diskurs diskutiert worden sind (vgl. Kapitel 4).

3 Analysen und Ergebnisse

Der vorliegende Abschnitt stellt die in der Definitions-, Analyse- und Synthesephase des Projekts zusammengetragenen und gewonnenen Erkenntnisse dar. Er gliedert sich in eine Zusammenfassung der bestehenden Forschungsliteratur zur Wandlungsfähigkeit, die Auswertung der im Rahmen des Projekts durchgeführten Fallstudien sowie dem abschließenden Abgleich der gewonnen Erkenntnisse und der Ableitung der Forschungsthesen.

Zunächst erfolgt in Kapitel 3.1.1 ein Überblick zum Stand der Forschung und Technik der Wandlungsfähigkeit in der grundlagenorientierten Fachliteratur. Es folgt anschließend eine entsprechende Zusammenfassung über die Literatur aus der unternehmensnahen Forschung in Kapitel 3.1.2.

Die Darstellung der Fallstudien wird eingeleitet durch Hinweise auf Methodik und Fallauswahl (Kapitel 3.2.1). Die durch diese Studien erlangten Erkenntnisse werden dann nach drei unterschiedlichen Gesichtspunkten aufbereitet. In Kapitel 3.2.2 werden die organisatorischen und personellen Gesichtspunkte dargestellt und dabei die besonderen Anforderungen herausgearbeitet, die wandlungsfähige Produktionssysteme sowohl an die Personalpolitik der Unternehmen wie die Koordination im Netzwerk der Wertschöpfungsketten stellen. Analog erfolgt eine Darstellung der logistischen (Kapitel 3.2.3) sowie der technologischen Gesichtspunkte (Kapitel 3.2.4).

Anschließend folgt eine für das WPS-Projekt vom Fraunhofer Institut für System- und Innovationsforschung (ISI) durchgeführte Auswertung der Delphi Studie 'WZM 20XX' zu den erwarteten Entwicklungen im Werkzeugmaschinenbau, in der besonderes Augenmerk auf die Identifizierung des Forschungsbedarfs bei Technologie und Organisationskonzepten gelegt wird (Kapitel 3.3). Im Mittelpunkt stehen hier die von Fachleuten erwarteten technologischen und organisatorischen Entwicklungen bei Hersteller- und Anwenderfirmen im Werkzeugmaschinenbau und dem daraus abzuleitenden Forschungsbedarf.

Abschließend wird in Kapitel 3.4 der Forschungsstand zum Ende der Synthesephase des Projekts und vor Einstieg in den öffentlichen Diskurs zusammengefasst und hieraus die Forschungsthesen abgeleitet.

3.1 Stand der Forschung und Technik

3.1.1 Wandlungsfähigkeit in der grundlagenorientierten Fachliteratur

Max von Bredow, iwb

Ziel der Untersuchung ist es, den Erfüllungsgrad der Wandlungsfähigkeit anhand des Standes der Wissenschaft zu überprüfen, Lücken zu identifizieren und daraus Handlungsbedarfe abzuleiten. Hierzu wurden ca. 60 Quellen der aktuellen grundlagenorientierten Fachliteratur untersucht und hiervon wiederum 30 einer detaillierten Bewertung unterzogen. Es wurden nur geeignete und zu jedem Forschungsprojekt jeweils nur eine Literaturquelle aufgenommen. Der Untersuchungsraum besteht aus Fachzeitschriften, Büchern und Dissertationen.

Zunächst ist festzustellen, dass es zahlreiche Bemühungen gab, den Begriff der Wandlungsfähigkeit zu beschreiben und treffsicher zu definieren. Nicht zuletzt leistete die vorliegende Voruntersuchung ihren Beitrag, indem sie unter Berücksichtigung vorheriger Arbeiten ein gemeinsames Verständnis und ein Definition erarbeitete.

Die Forschungsarbeiten im Bereich der Wandlungsfähigkeit können in unterschiedliche Bereiche unterteilt werden. Es gilt zu erarbeiten, wie intensiv und wie vollständig diese unterschiedlichen Bereiche bearbeitet wurden. Hierzu wurden folgende Bereiche differenziert: Rezeptoren, Wandlungsbefähiger, Ebene des Produktionssystems und Ziel der Arbeit. Das Ziel der Arbeit beschreibt, ob es sich um eine Methode, also beispielsweise eine Vorgehensweise zur Bewertung der Wandlungsfähigkeit oder um eine technische Lösung handelt. Die Elemente der anderen Bereiche wurden bereits in den vorangegangenen Kapiteln vorgestellt.

Wandlungsfähige Produktionssysteme

Rezeptoren	Wandlungsbefähiger	Ebene	Ziel der Arbeit
Element	Universalität	Netzwerk	Methode
Kosten	Mobilität	Fabrik/Werk	technische Lösung
Qualität	Modularität	Linie/Bereich	
Zeit	Kompatibilität	Arbeisstation/Team	
Stückzahl	Skalierbarkeit	Modul/Mensch	
Produkt		Submodul/Kompetenz	

Abbildung 6:   Untersuchungsbereiche

Jeder der untersuchten Literaturquellen wurden in jedem Bereich die Elemente zugeordnet, die behandelt wurden. Somit kann ein genaues Profil bestimmt werden, welches widerspiegelt, welche Bereiche die jeweilige untersuchte Literaturquelle abdeckt.

Bei der Analyse der Rezeptoren der Wandlungsfähigkeit (siehe Abbildung 7) fällt auf, dass vergleichsweise wenige Autoren den Rezeptor Qualität behandeln, aber der Rezeptoren Stückzahl und Kosten besonders häufig Teil wissenschaftlicher Arbeit sind. Dies könnte darauf zurückzuführen sein, dass zum einen die Rezeptoren Stückzahl und Kosten auch in der Praxis häufiger wirken und zum anderen, dass die restlichen Rezeptoren seltener und in geringerem Maße wirken oder auch als Rezeptoren weniger bekannt sind. Jedoch behandelt keine der Arbeiten alle Rezeptoren. Dombrowski beschreibt beispielsweise den Einsatz von flexiblen Fertigungsmodulen in der Investitionsgüterindustrie zur Steigerung der Wandlungsfähigkeit unter der Berücksichtigung der Rezeptoren Qualität, Zeit, Stückzahl und Kosten (Dombrowski et al., 2007). Möller stellt eine Methode zur Bewertung von Wandlungsfähigkeit vor. Er fokussiert seine Arbeit auf die Rezeptoren Qualität, Zeit, Stückzahl und Kosten (Möller, 2008). Schuh et al. zeigen eine Methodik zur Gestaltung modularer, wandlungsfähiger Produktionssysteme. Damit wurde ein Werkzeug für die industrielle Anwendung geschaffen, mit dem ein optimaler Grad der Wandlungsfähigkeit für den individuellen Anwendungszusammenhang systematisch geplant und bewertet werden kann. In dieser Arbeit werden die Rezeptoren Produkt, Stückzahl, Kosten und Element betrachtet (Schuh et al., 2004b).Es erfolgt somit zwar ein kombinierte Betrachtung von Rezeptoren, jedoch bleibt zumindest in der gesichteten Literatur eine ganzheitliche Untersuchung aus.

Analysen und Ergebnisse

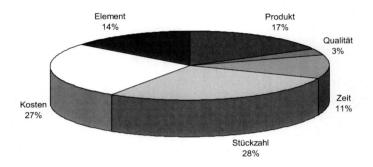

Abbildung 7:   Häufigkeitsverteilung der Behandlung von Rezeptoren

Fast die Hälfte der untersuchten Literatur beschäftigt sich überhaupt nicht oder nicht konkret mit den definierten Wandlungsbefähigern. Dies sind teilweise Werke, die sich ausschließlich mit der Identifikation von Turbulenzen und dem Bedarf von Wandlungsfähigkeit beschäftigen. In den Arbeiten, die unterschiedliche Wandlungsbefähiger betrachten, werden besonders häufig die Befähiger Kompatibilität und Modularität behandelt (siehe Abbildung 8). Auch eine kombinierte Betrachtung mehrerer Wandlungsbefähiger wird durchgeführt, jedoch bleibt eine gesamthafte Betrachtung oder auf der anderen Seite eine detaillierte Differenzierung anhand der Wandlungsfähiger aus.

Hernandez stellt wohl in Bezug auf die Wandlungsbefähiger die vollständigste Betrachtung zu Verfügung. Er erarbeitet Planungsansätze, um die gezielte Steigerung der Wandlungsfähigkeit in der Fabrik zu unterstützen. Grundlage bildet hierbei die Gegenüberstellung von Objekten und Befähigern zur Ableitung und Klassifikation wandlungsfördernder Gestaltungsanforderungen für alle Systemebenen einer Fabrik (Hernandez, 2002). Im Gegenzug dazu betrachtet Sudhoff ausschließlich aber dafür sehr detailliert den Wandlungsbefähiger der Mobilität. Er stellt eine Methodik zur Bewertung der standortübergreifenden Mobilität von Produktionsressourcen zur Verfügung und greift hierzu auf die Bewertungsmethode der Realoption zurück (Sudhoff, 2008). Spath & Schlotz zeigen vornehmlich anhand der Wandlungsbefähiger Skalierbarkeit und Kompatibilität, wie mit unterschiedlichen wandlungsfähigen Montagesystemen am Standort Deutschland wirtschaftlich produziert werden kann (Spath und Scholtz, 2007). Eine Häufig-

Wandlungsfähige Produktionssysteme

keitsverdichtung von Kombinationen bestimmter Wandlungsbefähiger und Rezeptoren konnte nicht festgestellt werden.

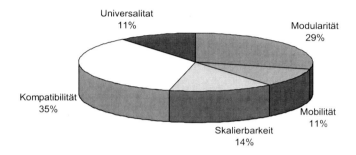

Abbildung 8: Häufigkeit der Behandlung von Wandlungsbefähigern

Bei der Auswertung der untersuchten Ebenen von Produktionssystemen wird deutlich, dass die Fabrik und das Werk sowie die Linie und der Bereich die am häufigsten bearbeiteten Ebenen sind (siehe Abbildung 9). Nyhuis & Heger beschreiben eine Methode zur Bestimmung der Kosten wandlungsfähiger Fabriken mit Hilfe der Szenariotechnik (Nyhuis und Heger, 2004). Aldinger et al. entwickeln das Fabrik-Cockpit zur operativen, mittelfristigen und langfristigen Planungsunterstützung im Fabrikplanungsprozess. Hierdurch leisten sie einen Beitrag zur Erhöhung der Flexibilität und ermöglichen eine schnelle sowie sichere Implementierung wirtschaftlicher Wandlungsfähigkeit (Aldinger et al., 2007). Zäh & Müller beschreiben ein Modell zur Abbildung von Kapazitätsflexibilität und den damit verbundenen Kosten und Unsicherheiten des Marktes. Des Weiteren werden die wirtschaftlichen Wechselwirkungen zwischen diesen Größen beschrieben (Zäh und Müller, 2006).

Auf Ebene der Arbeitsstation, des Moduls und Submoduls stellt Abele et al. eine Bewertungsmethode zur Unterstützung einer Investitionsentscheidung von Werkzeugmaschinen vor. Um die Wandlungsfähigkeit bei der Investitionsentscheidung zu berücksichtigen, wurde eine Methode zur Erweiterung der traditionellen Kapitalwertmethode auf Basis des Realoptionsansatzes entwickelt (Abele et al., 2007).

Seltener wird die Wandlungsfähigkeit auf der übergreifenden Netzwerkebene betrachtet. Dürschmidt stellt eine Methodik zur Planung eines wandlungsfähigen Logistiksystems vor (Dürrschmidt, 2001) und Sudhoff bewertet die Potentiale standortübergreifender Mobilität von Produktionsressourcen (Sudhoff, 2008). Reinhart et. al. zeigen eine Methode zur Bewertung der Wirtschaftlichkeit von Fabriken unter der Berücksichtigung von Flexibilität und Wandlungsfähigkeit. Durch die Berücksichtigung standortspezifischer Kostenfaktoren und Logistikaufwendungen wird hierbei auch der Netzwerkgedanke aufgegriffen (Reinhart et al., 2007).

Auf Seite der Mitarbeiter sind sehr wenige Arbeiten vorhanden. Spath et al. Zeigen, wie sich eine adaptive unternehmerische Arbeitsorganisation schnell an sich verändernde Rahmenbedingungen anpassen kann, indem operative Mitarbeiter verantwortlich in die Planung und Gestaltung eingebunden werden (Spath et al., 2005). Jedoch sind die Ebenen Kompetenz, Mensch und Team wenig untersucht. Gerade in einem Hochlohnland wie Deutschland ist aber das Know-how der Mitarbeiter ein entscheidender globaler Wettbewerbsfaktor. Die Reaktionsfähigkeit der Mitarbeiter auf veränderte Rahmenbedingungen im turbulenten Umfeld gewinnt somit weiter an Bedeutung und ist eingehend zu untersuchen.

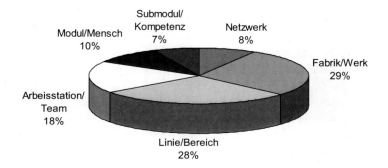

Abbildung 9:   Häufigkeit der Behandlung von Ebenen der Wandlungsfähigkeit

Des Weitern wurde unterschieden, ob in der jeweiligen Arbeit eine technische Lösung oder eine Methode, beispielsweise zur Bewertung der Wandlungsfähigkeit oder eine Vorgehensweise, erarbeitet wurden. Hierbei dominiert deutlich die

Wandlungsfähige Produktionssysteme

Anzahl an Literaturstellen, in denen eine Methode erarbeitet wird (siehe Abbildung 10).

Neben Abele präsentieren auch Heisel & Meitzner technische Lösungen für wandlungsfähige Bearbeitungssysteme. Sie stellen einen modularen Baukasten zur Konstruktion von Bearbeitungssystemen vor, die in kapazitiver, struktureller, funktionaler und technologischer Hinsicht rekonfigurierbar sind (Heisel und Meitzner, 2004). Kircher et al. zeigen eine Methode zur Unterstützung der systematischen Planung und Durchführung von Rekonfigurationsprozessen von Werkzeugmaschinen auf Basis eines mechatronischen Informationsmodells (Kircher et al., 2004).

Im Bereich der Methoden kann beispielsweise die Arbeit von Blecker & Graf genannt werden, die eine Lösung für das Managements der Wandlungsfähigkeit in Produktionssystemen aus akteursorientierter Perspektive vorstellen (Blecker und Graf, 2004a). Witte et al. zeigen im Projekt SATFAB Möglichkeiten zur Steigerung der Wandlungsfähigkeit in Fabriken auf und erarbeiten eine Methode zur Bewertung der Wirtschaftlichkeit wandlungsfähiger Fabriken (Witte et al., 2005). Dohms zeigt eine Methodik zur Gestaltung und Bewertung wandlungsfähiger und dezentraler Produktionsstrukturen, um durch eine frühzeitige, systematische und kontinuierliche Anpassung die nachhaltige Wandlungsfähigkeit der Produktion zu verbessern (Dohms, 2001).

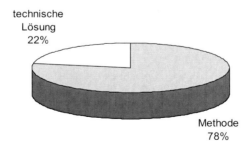

Abbildung 10: Häufigkeit von technischer Betrachtung oder Methode

Neben der Einteilung in Bereiche ist auch eine Einteilung innerhalb der Systematik der Wandlungsfähigkeit möglich. Diese Systematik unterstützt durch den gezielten Einsatz von Wandlungsbefähigern auf Wandlungstreiber eine rechtzeitige und angemessene Reaktion. Ermöglicht wird dies durch die Analyse, Planung, Bewertung und Gestaltung von Wandlungsfähigkeit. Diese Systematik ist durch technische, menschbezogene und organisatorische Methoden und Lösungen umzusetzen.

Es kann hierbei festgestellt werden, dass alle drei Phasen ungefähr gleichmäßig bearbeitet werden. In allen drei Phasen erstrecken sich die Arbeiten von der Ebene des Submoduls und Moduls über Arbeitstationen, Linien und Werke bis hin zu Netzwerken.

Auf Ebene der Linie bzw. Bereiche und der Fabrik liegt eine Vielzahl von Arbeiten vor. Jedoch ist gerade in der Gestaltungsphase eine Konzentration auf die Ebene der Linie und des Bereiches zu verzeichnen. Eine gesamthafte Betrachtung der miteinander in Verbindung stehenden Bereiche erfolgt nicht. Somit bleiben Wechselwirkungen der Bereich untereinander unberücksichtigt.

Auf Netzwerkebene liegen nur Literaturquellen zur Bewertung der Mobilität vor. Hier Bedarf es eines weiteren Ausbaus der Arbeiten über die gesamte Ebene der Netzwerke und alle Wandlungsbefähiger. Da sich ein Netzwerk aus einzelnen Wertschöpfungsketten zusammensetzt, besteht auch in diesem Bereich ein hoher Forschungsbedarfs. Dieser Bedarf wird durch die steigende Bedeutung der Wertschöpfung in Ketten und Netzen, bedingt durch eine zunehmende Spezialisierung der Unternehmen, unterstrichen.

Zusammenfassend kann festgestellt werden, dass die wissenschaftliche Literatur unterschiedliche Bereiche der Wandlungsfähigkeit abdeckt. Jedoch erfolgt häufig eine spezifische Betrachtung, die sich auf wenige Rezeptoren, Wandlungsbefähiger und Ebenen fokussiert. Besondere Häufungen von Elementkombinationen konnten nicht festgestellt werden, vielmehr erfolgt eine breit gestreute Bearbeitung. Eine ganzheitliche Betrachtung bleibt zumindest in den untersuchten Literaturquellen aus. In den Ebenen des Netwerkes und der Module und Submodule bzw. Menschen und Kompetenzen finden sich weniger wissenschaftliche Arbeiten. Die Erarbeitung von Methoden im Bereich der Wandlungsfähigkeit ist deutlich häufiger als die Erarbeitung technischer Lösungen. Des Weiteren fehlt es vielfach an der Darstellung von Wandlungsbefähigern.

Somit kann für die Zukunft empfohlen werden, die breit gefächerte Betrachtung fortzuführen und weiterhin gezielt zu spezialisieren. Die Untersuchung der Rezeptoren Qualität und Zeit sollte forciert werden, insofern diese auch von Relevanz sind. Des Weiteren sollte eine verstärkte Bearbeitung der oberen und unteren Ebenen, also von Netzwerk, Modul und Submodul durchgeführt werden, um die entsprechenden Lücken zu schließen. Auch auf Kompetenz-, Mensch- und Teamebene besteht Forschungsbedarf. Darüber hinaus sind die Einflüsse von Wechselwirkungen zwischen den unterschiedlichen Bereichen innerhalb einer Fabrik zu erforschen. Auch der Untersuchung des Einsatztes von Wandlungsbefähigern zur Steigerung von Wandlungsfähigkeit ist in Zukunft Aufmerksamkeit zu schenken.

3.1.2 Wandlungsfähigkeit in der unternehmensnahen Fachliteratur
Arno Wörn, PTW

Neben der grundlegenden theoretischen Fachliteratur wurden auch Praxis- und Projektberichte zur Ermittlung des Standes der Forschung untersucht. Die Recherche gliedert sich anhand der in Kapitel 2.3.2 beschriebenen Befähiger zur Wandlungsfähigkeit Universalität, Mobilität, Skalierbarkeit, Modularität und Kompatibilität. Darüber hinaus werden die von Koren charakterisierten Eigenschaften von Bearbeitungsmaschinen für dessen Rekonfiguration Integrierbarkeit, kundenspezifische Anpassung, Konvertierbarkeit und Diagnosefähigkeit ergänzt (Koren et al., 1999). Zusammengefasst ergeben sich somit für die Betrachtung der Wandlungsfähigkeit von Werkzeugmaschinen die Handlungsfelder Modularität, Integrierbarkeit von Modulen und Komponenten sowie Kompatibilität der Schnittstellen (Neuhaus, 2003). Diese primären und sekundären Befähiger werden im Folgenden in Bezug auf den Stand der Forschung erläutert.

3.1.2.1 Ansätze zur Modularisierung

Unter Modularisierung werden im Allgemeinen Konzepte zusammengefasst, die durch Bildung kleinerer Einheiten eine Reduktion der Variantenvielfalt und Komplexität anstreben. Hauptziel neben der Reduktion von Komplexitätskosten ist vor allem das Ausnutzen von Lern- und Größenvorteilen in der Entwicklung und Konstruktion.

Mit Hilfe von Modularisierungsmethoden (Erixon, 1998) und Gestaltungsansätzen (Ito, 2008) kann das System „Werkzeugmaschine" in Module untergliedert werden. Ziel der Modularisierungsmethoden ist die Zerlegung komplexer Systeme nach dem Top-down-Vorgehen in einfacher zu beherrschende Teilsysteme, so genannte Module mit physischer und funktionaler Abgrenzung.

Ito entwickelt Gestaltungsansätze für modulare Werkzeugmaschinenkonzepte. Grundlegende Prinzipien zur Modularisierung von Werkzeugmaschinen bilden die Abgrenzung, Vereinheitlichung, Verbindung und Anpassung (Ito, 2008).

Ansätze zur Modularisierung von Werkzeugmaschinen liefern die Projekte MAREA, MOSYN und CEDAM, (Mosyn, 2002, Pritschow, 1998, Tönshoff und Böger, 1996) entwickelt eine Referenzarchitektur für die modulare Gestaltung von Werkzeugmaschinen im Rahmen des EU-Projektes BRITE EU RAM III, MAREA (Study and Definition of Machining Workstation Reference Architecture). Die Referenzarchitektur basiert auf der Formalisierung von Komponentenspezifikationen und der Erweiterung der Konfigurierbarkeit von Werkzeugmaschinenbaukästen.

Ansätze zu herstellerübergreifenden Werkzeugmaschinenkonfiguration wurden im Rahmen von MOSYN (Modular Synthesis of Advanced Machine Tools) erarbeitet (Tönshoff et al., 2001b, Mosyn, 2002). Böger beschreibt ein Ansatz zur herstellerübergreifenden Konfigurierung modularer Werkzeugmaschinen (Böger, 1997). Drabow entwickelt einen Ansatz zur ganzheitlichen Modularisierung von Fertigungssystemen auf unterschiedlichen Planungsebenen (Drabow, 2006).

In CEDAM (Concurrent engineering design approach of machine tools) wurde ein Konzept für die nachhaltige Modularisierung von Werkzeugmaschinen vorgeschlagen, dass zum Ziel hat, sowohl die Herstelleranforderungen hinsichtlich Standardisierung und Spezialisierung und die Lebensdauerflexibilisierung von Werkzeugmaschinen für den Anwender abzudecken (CEDAM, 1992).

Zur simultanen Konfigurierung von Mechanik und Steuerung wurden in HIPARMS (Higly productive and reconfigurable manufacturing systems) Methoden zur Steigerung der Produktivität und Flexibilität von Fertigungssystemen in einer modularen Transferlinie erarbeitet (Tönshoff et al., 2001a, Weck et al., 2000). Die Ergebnisse beschränken sich auf modulare Transferlinien und lassen sich nicht ohne weiteres auf Bearbeitungssysteme übertragen.

Darüber hinaus schlägt sich die Modularisierung in der Bildung von Plattform- und Baukastensystemen nieder. Unterschied bildet die Kombinierbarkeit der Module. Eine Plattform besteht aus einem Basismodul mit Zusatzmodulen. Die

Plattformstrategie zielt auf die Entwicklung von Vielfalt auf Basis gemeinsamer Grundsysteme und Schnittstellen ab (Metternich und Würsching, 2000, Stang, 2004). Im Bereich Werkzeugmaschinen liefern Metternich und Würsching und Abele in METEOR Ansätze zur Plattformbildung (Abele und Dervisopoulos, 2006, Abele et al., 2005, Metternich und Würsching, 2000).

Im SFB 467 wurde ein Baukastensystem für wandelbare Bearbeitungssysteme entwickelt. Durch funktionale Abgeschlossenheit der Module soll die Komplexität bei der Erweiterbarkeit der Maschine durch Integration von Funktionssteuerung und Verlagerung der Funktionserbringung in das Modul reduziert werden. Es entstand eine systematisch strukturierte Sammlung abgeschlossener Modulklassen um die Anpassung der Maschinentechnik durch autarke Module zu ermöglichen (Heisel und Wurst, 2006).

Potential durch Modularisierung ergibt sich über den Produktlebenszyklus durch Berücksichtigung der gesamten Kosten. Besonders Stillstandszeiten, bspw. durch unvorhergesehene Defekte hervorgerufen, können maßgeblich verkürzt werden, indem Module so zusammengestellt werden, dass eine schnelle Austauschbarkeit und Wiederinbetriebnahme möglich ist (Abele und Dervisopoulos, 2006, Denkena et al., 2005).

3.1.2.2 Ansätze für Integrierbarkeit

Integrierbarkeit weißt ein Befähiger aus, welcher das Einfügen von Modulen einer Leistungsklasse innerhalb eines Werkzeugmaschinen-Baukastensystems ermöglicht (Koren et al., 1999, Neuhaus, 2003). Die Integrierbarkeit beschreibt die Eignung, wie gut ein Modul in ein bestehendes System eingefügt werden kann.

Das Integrieren basiert auf dem „Plug & Produce" Prinzip und beschreibt das Hereinstecken (engl. Plug) und anschließende Nutzen (Produce) der Funktionalität eines Moduls (Hildebrand, 2005, Neuhaus, 2003). Plug & Produce umfasst sowohl die steuerungs- und versorgungstechnische wie auch die mechanische Integration der Module.

Steuerungs- und Antriebstechniktechnik

Bisher umgesetzte Lösungen für Plug & Produce von Modulen an Werkzeugmaschinen betreffen vor allem die Steuerungs- und Antriebstechnik durch Einsatz offener, herstellerunabhängiger Steuerungssysteme und Antriebsschnittstellen.

Das EU-Projekt OSACA (Open System Architecture for Controls within Automation Systems) hatte zum Ziel, die Grundlagen für eine herstellerübergreifende offene Steuerungsarchitektur zu definieren und die Integration von Softwaremodulen in den Bereichen NC, SPS, der Mensch-Maschine-Schnittstelle (HMI), sowie übergeordneten Einheiten zu ermöglichen. Die Ergebnisse von OSACA stellen die Grundlagen für das Projekt HÜMNOS (Hersteller-übergreifende Module für den Nutzer-orientierten Einsatz der offenen Steuerungsarchitektur) dar. Dazu wurden Softwarewerkzeuge und Anwendungsmodule für Organisations-, Diagnose- und Wartungsfunktionen realisiert.

Daneben existieren standardisierte digitale Antriebsschnittstellen wie PROFIBUS, CAN oder INTERBUS und SERCOS die herstellerübergreifende Kombinierbarkeit von Steuerungssystemen und Antrieben gewährleisten. Ein Standard für die SPS-Programmierung existiert mit IEC 1131 für die einheitliche Erstellung von SPS Programmen. Die Plug & Produce-Integration von mechatronischen Modulen war Ziel der Arbeit von (Neuhaus, 2003).

Versorgungstechnik

Mit DESINA (Dezentralisierte und standardisierte Installationstechnik für Maschinen und Anlagen) wurde ein ganzheitliches Konzept für eine vereinheitlichte elektrische und fluidtechnische Installation entwickelt. Ziel des Konzeptes ist die einfache, schnelle und sichere Installation an Werkzeugmaschinen und Anlagen. Untersuchungen zeigen, dass DESINA in der Fertigung und Montage ein Kosteneinsparpotential von 25 Prozent bis 60 Prozent ermöglicht (DESINA, 2008).

Mechanische Schnittstellen

Gu stellt mit MechBus einen auf den von Pahl und Beitz aufgestellten Gestaltungsrichtlinien basierenden Gestaltungsansatz für ein mechanisches Bussystem als Verbindung an Produktplattform dar. Ausgehend vom modularen Aufbau von technischen Systemen werden die Eigenschaften wie Funktionsübertragung, Ver- und Entriegelung, Selbstzentrierung identifiziert und das Vorgehen zur Auslegung von mechanischen Bussystemen im Konstruktionsprozess dargelegt.

Ziel im Teilprojekt 3 des Transferbereichs TFB 059 ist die Konzeption und Entwicklung mechatronischer Module mit definierten Schnittstellen für wandelbare Bearbeitungssysteme. Durch die Integration von Funktionen und Schaffung neuer Systemgrenzen sollen autarke Modul entstehen (TFB, 2008).

Im Rahmen des DFG-geförderten Projektes „Entwicklung von Methoden und Werkzeugen zur Realisierung instandhaltungsgerechter Konstruktionen am Beispiel von Bearbeitungszentren" wurden Schnittstellen für die Austauschbarkeit, Wartung und Instandhaltung von Komponenten durch den Anwender am Beispiel eines Hauptspindelrotors entwickelt. Ziel war die Vermeidung von erneuten Einrichtvorgängen beim Lösen und Verbinden der Komponenten und die Erhöhung der Verfügbarkeit von Bearbeitungszentren (Heisel et al., 2004).

3.1.2.3 Werkzeugmaschinen

Ausgehend von den beschriebenen Ansätzen zur Modularisierung und Integrierbarkeit sind zahlreiche Prototypen rekonfigurierbarer Werkzeugmaschinen entwickelt worden, die in verschiedenen Ausbaustufen konfiguriert werden können (Abele et al., 2006, Heisel und Michaelis, 1998, Heisel und Wurst, 2006).

Das Projekt „Kernel II" hatte die Entwicklung zweier Werkzeugmaschinen unter Verwendung gleicher Achsmodule zum Ziel (Heisel und Michaelis, 1998). Im Projekt „MW-1" wurde eine modulare Fräsmaschine aus Hauptmodulen konfiguriert (Heisel und Michaelis, 1998). Im EU-Projekt „SHIMM" wurden zwei Multifunktionsmaschinen entwickelt, die durch den Austausch von Modulen rekonfiguriert werden konnten. Ziel in „MODYMA" war die Entwicklung einer hochdynamischen, hochpräzisen Werkzeugmaschine an der die Systemintegration unterschiedlicher Einzelmodule demonstriert wurde.

Am Engineering Research Center of Reconfigurable Maching Systems (ERC) der University of Michigan wurde die so genannte Arch Type Reconfigurable Machine Tool für die Motorengehäusebearbeitung entwickelt. Die Rekonfiguration der Maschine wird durch Verstellung der Achsstruktur der Bearbeitungseinheit ermöglicht (Koren et al., 1999).

Im Teilprojekt C6 des SFB 467 wurde ein rekonfigurierbares Bohrmodul für einfache Fertigungsoperationen in Rahmengestellbauweise zum Einsatz in rekonfigurierbaren Bearbeitungssystemen für Montage- und Fertigungslinien aufgebaut (Heisel und Wurst, 2006).

Innerhalb des BMBF-Projektes „LoeWe" wurde eine Lebenszyklusorientierte Werkzeugmaschine mit der Möglichkeit zur Integration von Funktionsmodulen zur Komplettbearbeitung komplexer Werkstücke aufgebaut (Denkena et al., 2005).

Im BMBF-Projekt „METEOR" wurden drei Prototypen von plattformbasierten Mehr-Technologie-Maschinen nach dem Baukastenprinzip aus Modulen und standardisierten Komponenten aufgebaut, die unterschiedliche Fertigungsverfahren in einem gemeinsamen Arbeitsraum vereinen (Abele et al., 2006).

3.1.2.4 Industrielle Umsetzung

Im Vordergrund der Wandlungsfähigkeit stehen die eingesetzten Prozesse und die Komplettbearbeitung. Mit der Komplettbearbeitung ist vermehrt die Integration verschiedener Fertigungsverfahren in eine Maschine verbunden. Einsatzschwerpunkte für die Komplettbearbeitung bilden vor allem die Bereiche Automobilsektor und Luftfahrtindustrie. Für die Serienfertigung sind generell Werkzeugmaschinen mit hoher Produktivität und bedarfsgerechter Flexibilität hinsichtlich Funktionalität, Kapazität und Skalierbarkeit gefordert. Diese Anforderungen schlagen sich in dem vermehrten Einsatz modular konfigurierbarer Mehrtechnologie-Werkzeugmaschinen nach dem Pick-up-Verfahren nieder (Michaelis, 2002).

Bei dem Pick-up-Verfahren übernimmt die Werkstückeinheit die Beladefunktion und die Verfahrbewegungen zu stationären Bearbeitungsmodulen (Posselt und Wolke, 2005). Integrierbare Prozesse bilden spanende Fertigungsverfahren wie Drehen, Fräsen, Bohren, Verzahnen und Schleifen zur Komplettbearbeitung (Abele und Wörn, 2004, Stanik, 2005). Die Wandlungsfähigkeit der Maschinen stützt sich grundsätzlich auf den modularen Aufbau (Grundgestell, Achskinematik, Steuerung) in Verbindung mit Modulen zur Werkstückspannung und Bearbeitung.

Für das Pick-up-Verfahren existieren zwei Konzepte, Reihenmaschinen und Drehzentren.

- Pick-up-Drehzentren zeichnen sich durch vertikal angeordnete Hauptspindeln mit X-, Z- und ausführungsabhängig Y-Achse aus, die zur Bearbeitung mit dem Werkstück an die Werkzeugeinheiten im Arbeitsraum verfährt. Die Maschinen sind in Konsolen- oder Gantrybauweise aufgebaut, die eine gute Zugänglichkeit gewährleisten (Böger, 1997).

- Reihenmaschinen verfügen über eine 3-Achs-Einheit für translatorische Bewegungen (X, Y, Z), die Werkstücke an Bearbeitungsmodulen mit kürzesten Span-zu-Span-Zeiten vorbeibewegt (Posselt und Wolke, 2005). Weitere rotatorische Achsen (B, C) können im Bedarfsfall an die Werkstückeinheit aufgebaut werden. Die Maschinenausführungen der Hersteller unterscheiden sich in der Anordnung der Bearbeitungsmodule und der Ausführung der Werkstückeinheit.

Fazit

Zur Umsetzung einer flexiblen Modularität sind neben geeigneten Maschinenkonzepten durchgängige mechanische Referenzarchitekturen, die auch die Rekonfiguration in der Nutzungsphase mit berücksichtigen, und der Einsatz von Schnittstellen erforderlich, welche die Wandlungsfähigkeit ermöglichen. Um eine modular aufgebaute Werkzeugmaschine als rekonfigurierbar beschreiben zu können, müssen Verbindungen für die Kopplung modularer Komponenten zum Einsatz kommen, die eine Anpassung der Werkzeugmaschine innerhalb kurzer Umrüstzyklen ermöglichen. Das Fehlen von geeigneten Schnittstellen, Inbetriebnahmestrategien und Standards stellt die wesentliche Schwierigkeit bei der wandlungsfähigen Modularisierung von Maschinen und Anlagen dar.

3.2 Fallstudien

3.2.1 Methodik und Fallauswahl

Um einen direkten und reibungslosen Transfer von der Forschung in die Praxis sicherzustellen, wurde die Praxisanbindung gleich in der Analysephase des Projekts gesucht. Die Fallstudien sind daher ein zentraler Bestandteil dieser Voruntersuchung zur Feststellung des Forschungsbedarfs zur Wandlungsfähigkeit von Produktionssystemen. Sie dienen nicht nur der Verifizierung der für die Unternehmen wichtigsten, weil Turbulenzen erzeugenden Wandlungstreiber sowie der Strategien, mit denen diesen Herausforderungen begegnet wird, sondern insbesondere auch der Untersuchung der Frage, welche Rolle das Konzept wandlungsfähiger Produktionssysteme heute bereits in der Praxis spielt, welche Möglichkeiten darin gesehen werden und was einer Adaption eventuell noch im Wege steht.

Die Fallstudien wurden in 22 renommierten Unternehmen der produktionstechnischen Industrie in Deutschland durchgeführt. Dabei wurden sowohl Werkzeugmaschinenbauer und Ausrüster ausgewählt als auch Hersteller technischer Endprodukte (OEM), um einen Überblick über ganze Wertschöpfungsketten zu erlangen. Bei den betrachteten Beispielen handelt es sich durchweg um Unternehmen, die in ihrem Segment zu den Marktführern zählen. Alle Befragten bewegen sich in einem Markt, der ein hohes Maß an Innovationsfähigkeit und Angebotsflexibilität erfordert. Es wurde Wert gelegt auf eine breite Differenzierung der Branchen. Beteiligt an der Fallstudie waren daher Unternehmen aus folgenden Branchen:

- Luft- und Raumfahrt
- Automobilbau und Zulieferer
- Robotik, Maschinen- und Anlagenbau
- Automatisierungstechnik
- Fertigungssysteme
- Wäge- und Messtechnik
- Werkzeugmaschinen
- Landmaschinen
- Druckmaschinen
- Verpackungstechnik
- Unterhaltungselektronik
- Haushaltsgeräte

In den beteiligten Unternehmen standen als Ansprechpartner Experten in leitender Funktion zur Verfügung, die den technologischen und organisatorischen Bedarf an Wandlungsfähigkeit in Fertigung und Produktionsplanung kompetent beurteilen können. Die Untersuchung setzte sich aus Betriebsbegehungen, Selbstauskünften der Unternehmen sowie Experteninterviews zusammen. Um möglichst konkrete Daten zu sammeln, konzentrierten sich die Fallstudien auf einen bestimmten Bereich der Produktion und die Fertigung eines repräsentativen Produkts. Sämtliche Informationen wurden vertraulich behandelt.

3.2.1.1 Betriebsbegehungen

Für die Betriebsbegehungen wurde vorab ein Leitfaden erarbeitet, anhand dessen die gesammelten Informationen gegliedert wurden. Die Begehungen wurden im Bild dokumentiert. Abgefragt wurden zunächst allgemeine Informationen zu den Kapazitäten und Möglichkeiten des zur Untersuchung ausgewählten Produktionsbereichs sowie erste Grundeinschätzungen zu den Anforderungen an Wandlungsfähigkeit im jeweils konkreten Fall, zu Stärken und Schwächen des Fertigungssystems. Im folgenden analytischen Teil der Begehung wurden einzelne Elemente des Produktionssystems gesondert betrachtet und hinsichtlich realisierter Wandlungsbefähiger beurteilt. Im Einzelnen galt die Aufmerksamkeit den in Abbildung 11 aufgeführten Wandlungsobjekten oder -trägern.

Abbildung 11: Analyseschema Betriebsbegehungen

Analysen und Ergebnisse

3.2.1.2 Unternehmensfragebogen

In den Unternehmensfragebögen erteilten die Unternehmen detailliert Auskunft über den betrachteten Produktionsbereich. Abgefragt wurden hier Daten über:

- Produktvarianten
- Entwicklungszeit und Produktlebenszyklus
- Jahresstückzahl und Stückzahlenverlauf
- Liefertreue
- Durchlaufzeit
- Anlaufzeit
- Fertigungstiefe
- Produktionsart
- Produktionstechnologien
- Produktionsprinzip

Zusätzlich wurden die Unternehmen um eine Selbsteinstufung gebeten, wie wandlungsfähig sie bezogen auf verschiedene Leistungsmerkmale sein müssen (Soll-Wandlungsfähigkeit), wie wandlungsfähig sie tatsächlich sind (Ist-Wandlungsfähigkeit) und in welchen Bereichen sie Forschungsbedarf sehen, um eine höhere Wandlungsfähigkeit, wo notwendig, erreichen zu können.

Als interessante Beobachtung anhand dieser Selbstauskunftsbögen sei hier vorweggenommen, dass die Einschätzungen von Ausrüstern und Herstellern von Endprodukten (OEM) oft voneinander abwichen. Auch wenn die Stichprobe zu klein ist, um statistisch belastbar zu sein, sind doch Trends erkennbar.

Bezogen auf Produkte und Stückzahl etwa stuften die Ausrüster die Soll-Wandlungsfähigkeit, verglichen mit den OEM, eher höher ein und bewerteten die Ist-Wandlungsfähigkeit zugleich besser. Bezüglich der Kosten sahen die OEM die Soll-Wandlungsfähigkeit gegenüber den Ausrüstern eher höher. Bezüglich des Faktors Zeit wiederum sahen die OEM den Bedarf an Wandlungsfähigkeit als höher an als die Ausrüster.

Bei der Frage nach der Forschung sahen die Ausrüster fast durchgehend einen höheren Bedarf als die OEM, allein bei den Kosten erkannten die OEM den höheren Forschungsbedarf. Vielleicht lässt sich aus diesen Selbstauskünften – in aller gebotenen Vorsicht – ein Muster erkennen: Dass die (befragten) Ausrüster beim Thema Wandlungsfähigkeit einen Schritt weiter sind als die OEM, weniger auf die unmittelbaren Kosten sehen und bereits stärker auf eine Fortentwicklung der Produktionssysteme in Richtung Wandelbarkeit drängen. Abbildung 12 illustriert einige der Ergebnisse.

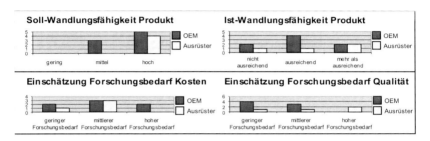

Abbildung 12: Einige Ergebnisse der Selbsteinstufungen

3.2.1.3 Experteninterviews

Die Interviews schließlich waren als offene, etwa 90 Minuten dauernde Gespräche angelegt. Gefragt wurde nach Unsicherheiten und Turbulenzen im Markt als Wandlungstreiber und nach Maßnahmen, mit denen die Unternehmen auf diese Unsicherheiten reagieren. Um den Produktionsprozess in seiner ganzen Tiefe und über die volle Wertschöpfungskette hin erfassen zu können, wurde im Gespräch gezielt nachgefragt, welche Maßnahmen jeweils auf welcher Ebene der Fertigung getroffen wurden. So wurden die Produktionssysteme von der Arbeitsstation und ihren Modulen über die Fertigungslinie bis zum gesamten Werk und der Fertigung im Netzwerk hinauf thematisiert, technische Fragen ebenso angesprochen wie Organisations- und Personalstrukturen. Das Interesse galt dabei stets der Reichweite der Veränderungsfähigkeit der Fertigung, also der Frage, ob in den Systemen echte Wandlungsfähigkeit realisiert ist, oder ob sie bloß auf flexible Fertigung in gewissen Korridoren ausgelegt sind. Dazu wurde explizit gefragt, ob auch auf Anforderungen reagiert werden könne, die nicht bereits beim Entwurf der Fertigungsanlagen prognostiziert worden waren.

Wurden die so erfragten Maßnahmen von den Unternehmen bewusst im Hinblick auf Wandlungsfähigkeit hin getroffen, wurde konkret nach Kriterien, Zuständigkeiten und Wirtschaftlichkeit gefragt; falls nicht, standen die Gründe im Vordergrund, warum Wandlungsfähigkeit (noch) kein Thema ist.

Abschließend wurden die Ansichten der Interviewpartner zu idealer Wandlungsfähigkeit, zu Problemen und bereits diagnostiziertem Handlungsbedarf befragt. Die Interviews unterschieden nach Ausrüstern und Herstellern von Endprodukten (OEM). Fragen, die auf Turbulenzen in den Endverbraucher-Märkten und entsprechende Maßnahmen abzielten, wurden bei den Ausrüstern übergangen, dafür zusätzliche Einschätzungen zu den Trends der Wandlungsfähigkeit bei den OEMs und deren Nachfrage nach wandlungsfähigen Ausrüstungsgütern abgefragt.

3.2.1.4 Studie des Fraunhofer ISI

Die Studie des Fraunhofer ISI, die für das Projekt Wandlungsfähige Produktionssysteme angefertigt wurde, ist eine sogenannte Mini-Delphi-Studie. Delphi-Studien dienen dazu, einen möglichst fundierten Blick in die Zukunft zu werfen, um die Wahrscheinlichkeit bestimmter Entwicklungen einschätzen zu können und sein Handeln so anzupassen, dass erwünschte Entwicklungen gezielt forciert und Fehlentwicklungen gebremst werden können. Das Ziel von Delphi-Studien ist es also, Informationsgrundlagen für Entscheidungen bereitzustellen und insbesondere Forschung und Entwicklung möglichst effizient zu steuern.

Um das zu erreichen, werden im Delphi-Verfahren zwei Befragungsrunden kombiniert ausgewertet. Zunächst werden Thesen über mögliche Entwicklungsszenarien formuliert und einem breiten Expertenkreis zur Bewertung vorgelegt. Die so gewonnenen Einschätzungen werden statistisch ausgewertet und die Ergebnisse dem befragten Expertenkreis erneut vorgelegt. Die Befragten haben dann die Möglichkeit, ihre zuvor geäußerten Ansichten mit denjenigen ihrer Fachkollegen abzugleichen und entweder zu revidieren, um einer abweichenden Einschätzung zu folgen, oder aber ihre erste Ansicht nochmals zu bekräftigen. Die Einschätzungen werden anonymisiert ausgewertet, so dass eine Meinungsänderung nicht gerechtfertigt werden muss. Durch diese quasi-diskursive Rückkoppelungsschleife sollen die gewonnenen Daten besonders robust sein. Beim Mini-Delphi-Verfahren wird lediglich die zweite Befragungsrunde eingeschränkt und einem reduzierten Expertenkreis vorgelegt.

Für das Projekt Wandlungsfähige Produktionssysteme wurde eine Auswahl der Thesen gesondert ausgewertet, die in der Fraunhofer ISI-Studie WZM20XX zu den künftigen Entwicklungen im Werkzeugmaschinenbau zur Diskussion gestellt worden waren. Dabei handelt es sich um 8 Thesen, die für das Konzept Wandlungsfähigkeit von besonderer Bedeutung sind: Thesen zu Plug & Produce, Modularität und flexibler Fertigung, Automatisierungsgrad sowie Rapid Manufacturing. Aufgrund der erhaltenen Ergebnisse wurde ein künftiger Forschungsbedarf skizziert, der in den folgenden Abschnitten dargestellt ist.

3.2.2 Organisatorische und personelle Gesichtspunkte der Wandlungsfähigkeit

Detlef Gerst, IFA

3.2.2.1 Einführung

Zwei thematische Schwerpunkte der betrieblichen Fallstudien haben sich in den Interviews als besonders bedeutsam für die betriebliche Wandlungsfähigkeit herausgestellt: der Stellenwert der Aufbau- und Ablauforganisation und der des Personals. Dieser Befund steht in Kontrast zur Fachliteratur der Fabrikplanung, die vorwiegend technologische Gesichtspunkte der Wandlungsfähigkeit behandelt und außer Acht lässt, dass es sich bei Betrieben um *soziotechnische Systeme* handelt (zum Systembegriff siehe u. a. (Meier, 2003, Ropohl, 1999, Westkämper, 2002b)). Aus der Perspektive der soziotechnischen Systembetrachtung beruht Wandlungsfähigkeit nicht allein auf einer veränderbaren Technologie, sondern daneben auf dem Handeln von Akteuren innerhalb einer Arbeits- und Betriebsorganisation. Sowohl das Personal als auch die Arbeits- und Betriebsorganisation können Wandlungsprozesse erheblich erleichtern oder erschweren. Welche Eigenschaften des Personals und der Organisation für die Wandlungsfähigkeit von Fabriken relevant sind, wie diese Merkmale systematisiert, beurteilt, gefördert oder gestaltet werden können, ist bislang nur unzureichend erforscht. Dies hat zur Folge, dass das Personal sowie die Arbeits- und Betriebsorganisation gegenwärtig zwar in ihrer Bedeutung für die Wandlungsfähigkeit erkannt wurden (Blecker und Graf, 2004b, Blecker und Kaluza, 2004, Warnecke und Thurnes, 2004), jedoch noch keine integralen Bestandteile von Methoden zur Planung von Wandlungsfähigkeit sind.

Verlässt man den Bereich der Fabrikplanung und wendet sich der Fachliteratur aus dem Bereich der Organisationsforschung (Boltanski und Thévenot, 1991, Boltanski und Chiapello, 2001, Kieser und Walgenbach, 2003) zu, dann erweist sich der Wandel schon lange als zentrales Themenfeld. Noch nicht abschließend erforscht ist jedoch, welche konkreten Anforderungen sich damit an die Auf- und Ablauforganisation und an das Personal stellen und wie Wandel gezielt gefördert werden kann. Unklar ist zudem, welchen Stellenwert Personen und Formen der Organisation im Verständnis des Managements für die Wandlungsfähigkeit haben und inwieweit personale und organisatorische Potentiale überhaupt bekannt sind und genutzt werden. Die Beantwortung dieser Fragen war ein Ziel der Fallstudien, auf denen die folgenden Ausführungen beruhen.

3.2.2.2 Personale und organisatorische Veränderungskompetenz

Ein Blick in die wirtschafts- und sozialwissenschaftliche Literatur zeigt, dass Wirtschaft und Gesellschaft seit Jahren schon vorwiegend mit Blick auf einen sich beschleunigenden Wandel diskutiert werden. Die organisatorischen und personellen Konsequenzen einer durch schnellen Wandel gekennzeichneten Wirtschaft und Gesellschaft wurden besonders prominent von Boltanski und Chiapello untersucht (Boltanski und Chiapello, 2001, Boltanski und Thévenot, 1991). Gegenstand ihrer Studie sind normative Bezugspunkte der Rechtfertigung und der Kritik kapitalistisch organisierter Wirtschaften. Wesentliches Ergebnis ist, dass Gegenentwürfe zum Kapitalismus, die noch bis in die 80er Jahre die Kapitalismuskritik prägten, heute zu seinem festen Bestandteil geworden sind: Selbstorganisation, teilautonome Einheiten, die Fähigkeit, sich zu vernetzen und zu wandeln. Diesen Prozess bezeichnen die Autoren als Übergang zu einem neuen „Geist des Kapitalismus". Er betrifft die Formen der Organisation ebenso wie die Individuen. Organisatorische Konsequenzen zeigen sich vor allem daran, dass teilautonome Einheiten, Projekte und Netzwerke an die Stelle der strikt hierarchischen und bürokratischen Großorganisation treten. Bereits Anfang der 90er Jahre wurden auch von anderen Autoren Trends der Dezentralisierung, Verflachung von Hierarchien, Ergebnisverantwortung von Profit- und Cost Centern beschrieben und untersucht (Faust et al., 1994, Reichwald und Koller, 1995). Hinter diesen Entwicklungen stand nicht nur das Bedürfnis nach Kostensenkung, sondern auch das nach einer Erhöhung der Veränderungsfähigkeit, vor allem auf der Grundlage einer Verkürzung sogenannter Dienstwege und Verminderung organisationaler Schnittstellen. Der neue „Geist des Kapitalismus" betrifft laut Boltanski und Chiappello auch die Individuen, von denen zunehmend Flexibilität, Lernfähigkeit und die Fähigkeit verlangt wird, Projekte zu entwerfen und sich in Projekte einzubringen (Boltanski und Chiapello, 2001, Boltanski und Thévenot, 1991). Die Anforderungen, die sich sowohl an die Organisation als auch die Individuen stellen, lassen sich mit dem übergeordneten Begriff der *Veränderungskompetenz* bezeichnen.

Dieser lässt sich wie folgt definieren: *Veränderungskompetenz* ist die Fähigkeit, Veränderungsprozesse in ihrer Notwendigkeit zu erkennen, zu initiieren, zu unterstützen, und in einer gewandelten Umgebung leistungsfähig zu handeln.

Unterscheiden lässt sich die personale von der organisationalen Veränderungskompetenz. *Personale Veränderungskompetenz* lässt sich in ihren wesentlichen Aspekten in den Begriffen der Kompetenzforschung erfassen. Ihre Komponenten sind neben einer soliden und breiten fachlichen wie methodischen Kompetenz auch die Selbstkompetenz als Fähigkeit, die eigenen Kompetenzen kritisch zu betrachten und eigenständig zu erweitern sowie die sozial-kommunikative Kompetenz, die im Wesentlichen die Verständigungs- und Teamfähigkeit umfasst. Weitere Komponente ist die Motivation, speziell die Bereitschaft, einen Wandlungsprozess aktiv zu unterstützen. Hierfür dürfte die Erfahrung erfolgreich bewältigter Veränderungsprozesse von Bedeutung sein, da sie hilft, die sogenannte Selbstwirksamkeitserwartung (Bandura, 2003) zu erhöhen, d.h. das Zutrauen in die eigenen Fähigkeiten, Ziele auch bei auftretenden Schwierigkeiten zu erreichen.

Wie die Kompetenzforschung am Beispiel von Innovationsprozessen gezeigt hat, sind auch die organisatorische Einbindung und formale Zuständigkeit entscheidende Säulen der beruflichen Handlungskompetenz (Staudt und Kriegesmann, 2002). Wer seine Mitarbeiter von entscheidenden Netzwerken und Projekten ausschließt und ihnen nicht formal die Zuständigkeit für die Gestaltung und Umsetzung von Wandlungsvorhaben zuweist, wird demzufolge auch keine ausgeprägte individuelle Veränderungskompetenz erwarten können. Die aufgeführten Gesichtspunkte resümierend ließe sich die Veränderungskompetenz mit einem möglichst hohen Grad an allgemeiner beruflicher Kompetenz gleichsetzen. Mit dieser Gleichsetzung wäre für die betriebliche Praxis jedoch noch nicht viel gewonnen. Entscheidend wird vielmehr, auf der Grundlage der bekannten Komponenten personaler Veränderungskompetenz eine betriebs- bzw. bereichsspezifische Soll-

Wert-Bestimmung und Maßnahmenplanung vorzunehmen. Doch hierfür fehlen zurzeit die Instrumente.

Auch auf einer organisationalen Ebene lässt sich von einer mehr oder weniger stark ausgeprägten Veränderungskompetenz sprechen. Unternehmen überleben langfristig nur, wenn es ihnen gelingt, rechtzeitig Anpassungen an die Umwelt vorzunehmen. Dies ist kein trivialer Prozess (Kieser und Walgenbach, 2003): Die *organisatorische Veränderungskompetenz* ist von zumindest vier Prozessen abhängig.

- Zunächst müssen Organisationen in der Lage sein, ihre Umwelt zu beobachten. Dies geschieht durch Entscheidungsträger, die auf der Grundlage von Erfassungssystemen bestimmte Merkmale der Umwelt als relevant erachten.

- Anschließend werden die gewonnenen Daten interpretiert und ausgehend von den Beobachtungen Probleme definiert.

- Im nächsten Schritt müssen den Problemen Maßnahmen zugeordnet werden.

- Abschließend gilt es, die Konsequenzen auch durchzusetzen.

Jeder dieser Prozesse kann für die Wandlungsfähigkeit unvorteilhaft verlaufen. Das Grundproblem liegt darin, dass Organisationen in ihrer Rationalität Einschränkungen unterworfen sind. So fallen wesentliche Entscheidungen bei unvollständiger, bzw. an Personen und Erfassungssysteme gebundener Information (March und Simon, 1993) und erfolgen die Maßnahmenplanung und die Durchsetzung von Maßnahmen vor dem Hintergrund von Veränderungswiderständen unterschiedlich mächtiger Akteure. Diese Einschränkungen begründen das in der Organisationssoziologie bekannte Phänomen der *organisationalen Trägheit*.

Einschränkungen der Wandlungsfähigkeit können in Moden und Mythen der Organisationsgestaltung begründet sein, die jeweils spezifische Umweltaspekte und Lösungen in den Vordergrund rücken (Kieser und Walgenbach, 2003). Sie können zudem in etablierten Systemen der Investitionsplanung liegen, die keine Entscheidungen auf der Grundlage von Szenarien erlauben, sondern lediglich auf der von abgesicherten Prognosen. Einschränkungen können sich auch aus der Tradition der Gestaltung von Aufbau- und Ablauforganisationen ergeben. So könnte es in Betrieben mit einer tayloristischen Tradition ausgesprochen schwierig sein,

Wandlungsfähige Produktionssysteme

eine Arbeits- und Betriebsorganisation zu realisieren, die Individuen und Gruppen Spielräume und Ressourcen für eine eigenverantwortliche Steuerung von Teilprozessen der Produktion eröffnet. Eine derartige Organisation wäre jedoch im Interesse einer erhöhten Wandlungsfähigkeit. Steigen durch eine zunehmend turbulente Umwelt die Anforderungen an die Unternehmen, ist nicht mehr davon auszugehen, dass eine zentrale Planung und Steuerung von Arbeitsprozessen allein in der Lage ist, eine ausreichende Wandlungsfähigkeit zu gewährleisten. Zudem dürften in einer strikt tayloristischen Arbeitsorganisation Maßnahmen des *Change Management* (Gairola, 2003) kaum greifen, da diese auf die aktive Unterstützung und Teilnahme von Mitarbeitern im Veränderungsprozess abzielen, während der Taylorismus eine Unternehmenskultur fördert, die Veränderungswiderstände von Mitarbeitern produziert und erhärtet. Für die Einstellung von Mitarbeitern gegenüber Veränderungen wurde am Beispiel der tayloristischen Organisation der Begriff des „arbeitspolitischen Konservatismus" (Schumann et al., 1983) geprägt.

Die Vorstellung einer Unvereinbarkeit von tayloristischer Gestaltung und Veränderungsfähigkeit liegt offensichtlich auch dem Produktionssystem von BMW in Regensburg zugrunde. Hier wurde als Zielvorstellung der Begriff der *agilen Fabrik* geprägt (Frank et al., 2000). Dieser überschneidet sich, wie das folgende Zitat zeigt, weitgehend mit dem Begriff der organisationalen personalen Veränderungskompetenz: *„Eine Fabrik kann nur so agil sein, wie es die in ihr tätigen Menschen sind. Damit diese dem Anspruch der Agilität gerecht werden und schnell und flexibel agieren können, benötigen sie entsprechende Rahmenbedingungen und Gestaltungsspielräume. Nur so sind unsere Mitarbeiter auch in der Lage, in immer kürzeren Abständen Anläufe von neuen Modellen und Varianten zu bewältigen, mit immer steileren Anlaufkurven und Top-Qualität von Anfang an, und sich möglichst schnell auf kurzfristige Änderungen im Produktionsablauf einzustellen"* (Frank et al., 2000).

Grundlegend lassen sich das Personal und die Organisation unter zwei Gesichtspunkten im Hinblick auf die Wandlungsfähigkeit betrachten: Als Voraussetzung und als Gegenstand von Wandlungsprozessen. In der ersten Perspektive steht die Frage nach einer möglichst günstigen Beschaffenheit von Organisation und Personal für betriebliche Wandlungsprozesse im Vordergrund, in der zweiten Perspektive geht es um Maßnahmen einer gezielten Gestaltung bzw. Förderung von Personal und Organisation. Beide Fragestellungen wurden in den Fallstudien verfolgt.

3.2.2.3 Wandlungsfähigkeit im Rahmen der Fallstudien

In den Fallstudien hat sich gezeigt, dass der Begriff der *Wandlungsfähigkeit* in den Betrieben weitgehend unbekannt ist. Im betrieblichen Kontext ist allein von *Flexibilität* die Rede, deren Stellenwert, wie die Interviews zeigen, seit einigen Jahren wächst. Wenngleich der Begriff der Wandlungsfähigkeit nicht gebräuchlich ist, konnten die interviewten Betriebsvertreter die dem Forschungsvorhaben zugrunde liegende Unterscheidung von Korridoren der Veränderungsfähigkeit nachvollziehen. Die Herausbildung von Anforderungen, die mehr verlangen als eine Flexibilität innerhalb bekannter und bereits vorgedachter Grenzen, wurde von den betrieblichen Experten bestätigt. Die Interviews deuten darüber hinaus darauf hin, dass die Wandlungsfähigkeit zukünftig einen ähnlich hohen Stellenwert im Wettbewerb einnehmen wird wie die Kostensenkung, die Produktqualität, die Verkürzung von Lieferzeiten oder die Gewährleistung einer hohen Liefertreue.

Den Fallstudien lag die in Kapitel 2.3 eingeführte Definition zugrunde. Flexibilität und Wandlungsfähigkeit lassen sich nur idealtypisch voneinander trennen. In der betrieblichen Praxis sind die Übergänge dagegen fließend. Den Fallstudien lag folgende Auffassung zugrunde:

Flexibilität ist eine Reaktionsfähigkeit innerhalb eines bereits definierten Handlungskorridors, Wandlungsfähigkeit ist die Fähigkeit, diesen Korridor ohne erheblichen finanziellen Aufwand und ohne große zeitliche Verzögerung verlassen zu können (Nyhuis et al., 2008).

Gemeinsam ist allen Definitionen der Wandlungsfähigkeit, dass sie den Bereich der Flexibilität einschließen. Insofern lassen sich aus Aussagen der befragten Unternehmensvertreter über die Flexibilität Schlüsse über die Wandlungsfähigkeit ziehen.

Was treibt den betrieblichen Wandel an? In den Interviews haben sich zwei Treiber als vorrangig herauskristallisiert. Beide erfordern Reaktionen, die sich nicht allein durch Technologie oder die Planung von Fabrikgebäuden bewältigen lassen. Als wesentliche Ursachen von Veränderungsprozessen werden in den Unternehmen gesehen:

- Veränderungen der Kundenwünsche und der Marktanforderungen: Gemeint sind allgemein steigende Leistungsumfänge der zudem komplexer werdenden Produkte. Eine wachsende Individualisierung der Kundenwünsche erfordert ein wachsendes Produktportfolio, wachsende Variantenumfänge und die Notwendigkeit, schneller neue Produkte auf den Markt zu bringen. In diesem Zusammenhang wurde in den befragten Unternehmen auch auf die Entstehung neuer Produktmärkte verwiesen. Die in den Interviews geäußerten Turbulenzen in der Unternehmensumwelt könnten dazu führen, dass die Anforderungen an die Produkt- und Variantenflexibilität in absehbarer Zeit die Flexibilität überfordern und darüber hinaus eine Produktion voraussetzen, die sich in kurzer Zeit strukturell erneuern kann.

- Komplexere Anforderungen an die Lieferfähigkeit: Eine besondere Herausforderung stellen sich für Unternehmen durch schwer voraussagbare und schwankende Stückzahlen. Da diese Unternehmen zugleich die Notwendigkeit sehen, Lagerkosten zu vermeiden, die Kapazitäten gleichmäßig hoch auszulasten, Lieferzeiten zu verkürzen und eine hohe Liefertreue zu gewährleisten, stellen sich recht komplexe Optimierungsprobleme. Dies stellt zunächst Anforderungen an die Flexibilität. Bevorzugte Lösungen liegen in der zwischenbetrieblichen Kooperationen und der Flexibilität von Produktlinien. Das Thema Wandlungsfähigkeit wird dadurch berührt, dass Wandlungsprozesse zu keiner Beeinträchtigung der logistischen Leistungsfähigkeit führen dürfen.

Beide Wandlungstreiber stellen *Anforderungen an die Arbeitsorganisation und das Personal*. Absehbar sind steigende Qualifikations- und Lernanforderungen, eine größere Flexibilität des Personals, eine Aufbau- und Ablauforganisation, die Handlungsspielräume eröffnet, auf eng definierte Aufgabenprofile und starre bürokratische Handlungsanweisungen weitgehend verzichtet.

Neben veränderten Kundenwünschen und komplexeren Anforderungen an die Lieferfähigkeit wurden in den Interviews noch weitere Wandlungstreiber genannt, allerdings mit einem geringeren Stellenwert. Dies betrifft die Notwendigkeit global zu produzieren bzw. zu kooperieren. Des Weiteren wurden ein gewandeltes Umweltbewusstsein beim Kunden, gesetzliche Änderungen, etwa in der Umweltgesetzgebung sowie die Verfügbarkeit neuer Technologien genannt.

Interessanterweise wurde die sich abzeichnende *Alterung der Belegschaften* in nur einem den befragten Unternehmen als Wandlungstreiber thematisiert. Dies unterstreicht den geringen Stellenwert, den das Thema derzeit in deutschen Betrieben genießt. Dieser Befund deckt sich mit anderen Studien, die der deutschen Wirtschaft ein mangelndes Problembewusstsein attestieren (Bellmann et al.,

2007). Dieses äußert sich in vielen Betrieben in einer Vernachlässigung präventiver Strategien. In Deutschland orientieren sich viele Betriebe noch immer am Modell der geblockten Altersteilzeit und der Hoffnung auf die Rekrutierung junger Fachkräfte. Vor diesem Hintergrund werden nur wenige Anstrengungen zur Verbesserung der Arbeits- und Beschäftigungsfähigkeit Älterer unternommen. Robuster auf die Zukunft ausgerichtet sind Länder wie Dänemark, Finnland und die Niederlande, mit einer deutlich stärker ausgeprägten Förderung lebenslangen Lernens (Kraatz et al., 2006). In Deutschland beziehen nur 6% der Betriebe ältere Mitarbeiter in Qualifizierungsmaßnahmen ein und nur 1% der Betriebe verfügen über spezielle Weiterbildungsangebote für Ältere (Bellmann et al., 2007).

3.2.2.4 Potentiale und Grenzen der Bewältigung von Wandel

Betriebe verfügen den Interviews zufolge bereits heute über zahlreiche Möglichkeiten, auf Veränderungen in ihrer Umwelt zu reagieren, um langfristig ihre Wettbewerbsfähigkeit zu erhalten. Die Ergebnisse der Befragung von Unternehmensvertretern zeigt Abbildung 13. Die meisten der genannten Strategien, Konzepte und Maßnahmen haben Konsequenzen für die Auf- und Ablauforganisation sowie für das Personal. Die folgenden Ausführungen konzentrieren sich auf diese Konsequenzen.

- Im Themenfeld **Unternehmensstrategie** erfordert die Marktnähe und globale Präsenz einen Managertypus, der sich als „Grenzgänger" durch eine ausgeprägte interkulturelle Kompetenz auszeichnet. Diese umfasst Sprachkenntnisse sowie Kenntnisse länder- und regionenspezifischer Märkte, Infrastruktur und Managementsysteme. Eine weitere häufig verfolgte Strategie ist die Konzentration auf Kernkompetenzen, da sich auf diese Weise Wandlungsprozesse auf wenige und zudem gut beherrschte Bereiche beschränken lassen. Diese Strategie erfordert eine Spezialisierung, die sich auch in einer Know-how-trächtigen Produktion niederschlägt. Im Gegenzug führt die Konzentration auf die Kernkompetenz tendenziell zu einem Verlust an einfachen Standardproduktionen. Werden diese Produkte aus dem Ausland bezogen, schwinden die Spielräume für die Beschäftigung gering qualifizierter Arbeitskräfte in Deutschland. Eine weitere Strategie ist der Produktmix über verschiedene Werke, um eine größere Mengenflexibilität zu erreichen. Zu den Konsequenzen zählen steigende Anforderungen an die Mobilität und die Lernfähigkeit von Arbeitskräften.

Wandlungsfähige Produktionssysteme

- Im Themenfeld **Wandlungsmanagement** verfolgen Unternehmen vorwiegend eine Strategie der Vermeidung von schwer kalkulierbaren Wandlungsnotwendigkeiten. Die befragten Unternehmensvertreter berichten von positiven Erfahrungen mit einem koordinierten Vorgehen von Produktentwicklung, Konstruktion und Produktion. Hierbei geht es darum, Entwicklungszeiten zu verkürzen und den Ressourceneinsatz frühzeitig aufeinander abzustimmen. Für das Personal der betroffenen Fachbereiche ergeben sich erhöhte Anforderungen an Kenntnisse im Projektmanagement und der Moderation. Erforderlich werden zudem eine ausgeprägte Teamfähigkeit sowie die Fähigkeit, die Kultur und Fachbegriffe eines anderen Fachbereiches zu verstehen. Als entscheidend innerhalb einer Strategie der Vermeidung von Wandlungsnotwendigkeiten hat sich die frühzeitige Einbindung der Kunden in die Produktentwicklung erwiesen. Diese macht die Zukunft planbarer, wird aber allein als nicht ausreichend zur Bewältigung der sich schnell verändernden Marktanforderungen angesehen. Insofern kann eine Strategie der Vermeidung von Wandlungsnotwendigkeiten nicht die Wandlungsfähigkeit ersetzen. Weitere Anstrengungen der Unternehmen gehen in Richtung der Entwicklung eines operativen Wandlungsmanagements. Hier werden jedoch am ehesten noch Entwicklungsnotwendigkeiten und Forschungsbedarf gesehen.

- Im Themenfeld der **betriebsübergreifenden Kooperation** liegen die Potentiale vorwiegend im Konzept der verlängerten Werkbank, die eine Mengenflexibilität gewährleistet und hilft, Kosten zu senken. Eine weitere häufig genutzte Strategie ist der Zukauf von Ingenieurdienstleistungen. Dies erfolgt in der Absicht, durch Spezialisierungen und geteilte Verantwortlichkeit die Konstruktionszeiten zu verkürzen. Im Themenfeld der betriebsübergreifenden Kooperation zeigen sich jedoch auch Defizite, für die die befragten Unternehmensvertreter noch keine überzeugenden Lösungen sehen. Das größte Problem besteht darin, dass Kooperationen neue Schnittstellen schaffen, die die Reaktionsfähigkeit innerhalb von betriebsübergreifenden Netzwerken einschränken können. Vor diesem Hintergrund stellen sich erhöhte Anforderungen an das Schnittstellenmanagement, die Gegenstand zukünftiger Forschung sein könnten. Vor dem Hintergrund ungeklärter Schnittstellenprobleme wird in einigen der befragten Unternehmen bereits über ein Insourcing nachgedacht, um auf diese Weise die Wertschöpfungsketten zu verkürzen und damit an Flexibilität und Wandlungsfähigkeit zu gewinnen. Die Strategie des Insourcing hätte eine

Aufwertung der Produktion zur Folge und sie würde darüber hinaus die Chancen verbessern, den in Zukunft zu erwartenden demographischen Wandel zu bewältigen.

- Im Themenfeld **Personal und Organisation** zeichnen sich Zielkonflikte ab. Die Betriebe versuchen, auf Schwankungen in der Nachfrage mit flexiblen Arbeitszeitmodellen, der Ausweitung von befristeten Arbeitsverhältnissen und der Inanspruchnahme von Leiharbeit zu reagieren. Dies gelingt den befragten Unternehmensvertretern zufolge in ausreichendem Maße. Daneben sehen die befragten Unternehmensvertreter einen Trend der wachsenden Ansprüche an die Kompetenz des Produktionspersonals. Dieser Trend wird durch zunehmende Flexibilisierung und Wandlungsfähigkeit noch verstärkt. Unter diesen Voraussetzungen sehen sich die befragten Betriebe in einem Dilemma. Auf der einen Seite lassen sich mit dem Einsatz von Leiharbeitnehmern und befristet Beschäftigten das Risiko einer schwer kalkulierbaren Nachfrage vermindern. Auf der anderen Seite ist es schwer, mit einem hohen Anteil an Leiharbeitnehmern und mit einer hohen Fluktuation unter befristet beschäftigten Mitarbeitern die erforderliche Qualifikation des Produktionspersonals sicher zu stellen. Von erhöhten Qualifikationsanforderungen angesichts einer wachsenden Bedeutung der Wandlungsfähigkeit sprechen die Unternehmensvertreter schließlich auch für die Führungskräfte und verweisen zugleich auf diesbezügliche Defizite in der Personalentwicklung. Interessanterweise wurden organisatorische Lösungen wie die Gruppenarbeit oder KVP nur in wenigen Betrieben als Maßnahmen zur Erhöhung von Flexibilität und Wandlungsfähigkeit genannt. Dies mag dem Umstand geschuldet sein, dass über die Flexibilitätswirkungen dieser Maßnahmen in vielen Betrieben Unkenntnis herrscht. Genährt wird diese Unkenntnis dadurch, dass in deutschen Betrieben in der Vergangenheit vorwiegend „Gruppenarbeitsvarianten" verbreitet wurden, bei denen es sich im arbeitswissenschaftlichen Sinne nicht um Gruppenarbeit handelt (Nordhause-Janz und Pekruhl, 2000), sondern die lediglich leichte Modifikationen tayloristischer Arbeitsgestaltung darstellen.

- Im Themenfeld der **Gebäudeplanung** versuchen die Betriebe bei Neuplanungen den Gesichtspunkt der Wandlungsfähigkeit zu berücksichtigen. Bei Altbauten stellt jedoch die Flächenumwidmung ein Problem dar. Ein Gebäude, das nicht unter dem Gesichtspunkt der Wandlungsfähigkeit geplant wurde, lässt sich nachträglich kaum noch wandlungsfähig gestalten. Auffallend in den Interviews war, dass die Gebäudeplanung allein unter technologischen und logistischen Gesichtspunkten diskutiert und nicht mit dem Thema Kommunikation in Verbindung gebracht wurde. Demgegenüber ist es jedoch naheliegend, dass betrieblicher Wandel einen Informationsaustausch erfordert, der zu einem guten Teil die unmittelbare persönliche Begegnung umfasst. Diese lässt sich durch die Gestaltung von Gehwegen, die räumliche Nähe von Produktion und indirektem Umfeld, eine transparente Architektur oder durch Kommunikationsbereiche gezielt fördern. In dieser in der neueren Literatur zur Fabrikplanung bereits behandelten Thematik scheinen nicht ausgeschöpfte Potentiale der Wandlungsfähigkeit zu liegen.

- Im Rahmen der **Produktionsgestaltung** versuchen die befragten Betriebe, die Komplexität der Produktion auf dem Wege der Modularisierung und Segmentierung zu verringern. Hierzu werden Produkte modular konstruiert und im Rahmen des Produktionsstufenkonzeptes (Wiendahl et al., 2004) zunächst in einer variantenneutralen Vorstufe gefertigt und erst in der letzten Bearbeitungsstufe zu einem kundenspezifischen Endprodukt ausgebaut. Ziel ist eine Verringerung der betriebsinternen Varianz bei gleichzeitiger Erhöhung der für den Kunden sichtbaren Produktvarianz. Unternehmen verzichten hierbei auf die starre Verkettung von Bearbeitungsschritten und sortieren die Produktion nach Produktlinien, wobei in den jeweiligen Linien eine immer größer werdende Produktvarianz beherrscht wird. Von dieser Art der Produktionsgestaltung geht ebenfalls ein Trend in Richtung steigender Qualifikationsanforderungen und Selbststeuerungsfähigkeit der Produktion aus. Als problematisch erweisen sich den Interviews zufolge noch die relativ großen Teilespektren. Diese vermindern die Wandlungsfähigkeit, verlangsamen die Produktion und erzeugen hohe Logistikkosten.

- Im Themenfeld **Technologie** greifen Betriebe auf modular aufgebaute Anlagen zurück. Da die Produktionstechnologie die Lebensdauer einzelner Produkte immer deutlicher überragt, legen Betriebe größeren Wert auf eine Wiederverwendbarkeit der Anlagen. Zur Gewährleistung einer hohen Variantenflexibilität und der Vermeidung von Puffern und Lagern wenden Betriebe Methoden zur Rüstzeitminimierung und Flexibilisierung der Produktionsanlagen an. Probleme bereiten derzeit noch die Kombination von

Modulen und Komponenten, da einheitliche Standards in den Schnittstellen und der EDV bislang noch weitgehend fehlen. Für das Personal und die Arbeitsorganisation dürften die technologischen Lösungen zur Erhöhung der Flexibilität und Wandlungsfähigkeit nur geringe Konsequenzen haben. In Frage kommen eine erweiterte Zuständigkeit des Produktionspersonal für Umrüstprozesse und die Kenntnis eines größeren Spektrums an Produktvarianten. Qualifikationsfördernd wirkt sich allerdings die Integration von Fertigungstechnologien in die letzte Stufe der Produktbearbeitung aus.

Wandlungsfähige Produktionssysteme

Themenfeld	Ausreichende Potentiale	Unzureichende Potentiale
Unternehmensstrategie	• Globale Präsens (Marktnähe) • Konzentration auf die Kernkompetenz • Werksübergreifender Produktmix	
Wandlungsmanagement	• Koordiniertes Vorgehen (Produktentwicklung, Konstruktion, Fertigung) • Frühzeitige Kundeneinbindung	• Operatives Wandlungsmanagement
Unternehmenskooperation	• Verlängerte Werkbank • Zukauf von Dienstleistungen (v.a. Konstruktion)	• Reduzierung von organisatorischen Schnittstellen • Verkürzung der Wertschöpfungsketten durch Insourcing
Personalentwicklung / Arbeitsorganisation	• Flexible Arbeitszeitmodelle • Befristete Arbeitsverhältnisse • Leiharbeitnehmer	• Qualifizierung von Mitarbeitern und Führungskräften • Sicherung eines hohen Qualifikationsstandes
Gebäude	• Wandlungsfähiges Design bei Neubauten	• Flächenumwidmungen bei Altbauten
Produktionsgestaltung	• Differenzierte (typgebundene) Produktlinien • Entkoppelte Einheiten • Flexibles Layout • Produktionsstufenkonzept • Modulares Produkt	• Reduzierung des Teilespektrums
Technologie	• Flexible Zellen (BAZ, Montagezellen) • Modulare Anlagen und Prüftechnik • Rüstzeitminimierung • Wiederverwendbarkeit von Anlagen	• Standardisierung von Modulen, Komponenten und Schnittstellen

Abbildung 13: Potentiale der Wandlungsfähigkeit

Die meisten der betrieblichen Strategien und Maßnahmen zur Erhöhung der Flexibilität und Wandlungsfähigkeit tragen zu wachsenden Anforderungen an die Kompetenz des Produktionspersonals bei. Diese Befunde der Fallstudien stehen im Widerspruch zu der Einschätzung des Arbeitgeberverbandes Südwestmetall, der die Zukunft der deutschen Wirtschaft in einer Ausweitung der „einfachen Arbeit" sieht (Gryglewski, 2007). Würde sich diese Position in der Rekrutierungs- und Qualifizierungspraxis durchsetzen, käme sie einer Aushöhlung des

Fundamentes der Leistungsfähigkeit deutscher Betriebe gleich. Den von Südwestmetall vorgeschlagenen Weg würde so gut wie keines der befragten Unternehmen gehen. Dennoch wurden in den Interviews nur wenige Innovationen bei den Maßnahmen zur Kompetenzsicherung genannt. Die Betriebe gehen hier den traditionellen Weg des Anlernens und der formalisierten Schulung zur Sicherstellung von Mehrfachqualifikationen. Moderne Konzepte eines arbeitsintegrierten Lernens und der gezielten Gestaltung lernförderlicher Arbeitsumgebungen sind weitgehend unbekannt. Wenig von den Interviewpartnern thematisiert wurden zudem organisatorische Maßnahmen zur Erhöhung von Flexibilität und Wandlungsfähigkeit. Dabei ist aus aktuellen Studien bekannt, dass sich bestimmte organisatorische Maßnahmen positiv auf die Flexibilität und Wandlungsfähigkeit auswirken. In einer Studie des ISI in Karlsruhe (Kinkel et al., 2007) und einer Voruntersuchung zum Thema „Organisatorische Wandlungsfähigkeit produzierender Unternehmen" (Abel et al., 2008) werden die Segmentierung der Produktion, die unternehmensübergreifende Produktionskooperation, das Nullpufferprinzip und die selbstverantwortliche Gruppenarbeit als organisatorische Befähiger der Flexibilität bezeichnet. Der Studie zufolge werden diese Befähiger nicht in ausreichendem Maße betrieblich genutzt. Dieser Befund wird durch die Fallstudien im Projekt „Wandlungsfähige Produktionsanlagen" bestätigt, wobei sich als besonders auffallend der Verzicht auf selbstverantwortliche Gruppenarbeit herausgestellt hat.

Als eines der größten Hindernisse der Bewältigung sich verändernder Umweltanforderungen hat sich in den Fallstudien die *Investitionsplanung* herausgestellt. Die Mehrzahl der befragten Unternehmensvertreter sieht keine Spielräume für Mehrausgaben zur Vorbereitung auf eine ungewisse Zukunft. Die gängige Praxis sieht vor, Investitionen mit abgesicherten Prognosen und Kalkulationen zu rechtfertigen. Dies bedeutet, dass sich Flexibilität sehr gut, Wandlungsfähigkeit dagegen nur bei Vermeidung zusätzlicher Kosten legitimieren lässt. Die gängige Investitionsplanung bestärkt demnach das Phänomen der organisationalen Trägheit. Sie beschneidet die Fähigkeit, angemessene Maßnahmen bezogen auf eine zunehmend unsichere Zukunft zu entwickeln und zu ergreifen. Einen Ausweg bietet beispielsweise das *Szenariomanagement*, das in den Fallstudien jedoch mehrheitlich nicht für die Investitionsplanung zum Einsatz kommt. Das Szenariomanagement hätte den Vorteil, dass es die Sicht auf einen größeren Ausschnitt der Veränderungen in der Unternehmensumwelt eröffnet und einen längeren zeitlichen Horizont in den Blick zu nehmen erlaubt. Szenarien sind jedoch weniger wahrscheinlich als Prognosen. Vor diesem Hintergrund sind Investitionen auf der

Grundlage von Szenarien riskant, was die Frage nach einer Absicherung dieser Risiken als zukünftige Forschungsfrage aufwirft.

3.2.2.5 Wandlungsfähigkeit als arbeits- und personalpolitische Herausforderung

Durch ihre Konsequenzen für den Personaleinsatz stellt die Wandlungsfähigkeit hohe Anforderungen an die betriebliche und überbetriebliche Arbeits- und Personalpolitik. Die Arbeitspolitik hat die Aufgabe, einen Denk- und Handlungsrahmen zum Ausgleich und zur Integration der Interessen von Beschäftigten und Unternehmen zu gestalten. Dies schließt die Personalpolitik ein, die sich speziell mit Fragen der Rekrutierung und der Personalentwicklung befasst. Chancen und Problemfelder sind in Abbildung 14 zusammengefasst.

Innerbetrieblich werden sich Mitarbeiter mit steigenden Anforderungen an die Kompetenz, Selbststeuerungsfähigkeit und Lernfähigkeit konfrontiert sehen. Vorausgesetzt, dass den Betrieben die Gestaltung lernförderlicher Arbeitsumgebungen gelinge, liegen hierin Chancen einer zugleich menschengerechten und wirtschaftlichen Arbeitsgestaltung. Der steigende Flexibilitätsbedarf schafft jedoch auch neue Problembereiche bzw. verstärkt bereits bestehende. So ist davon auszugehen, dass Betriebe die Flexibilisierung von Arbeitszeiten forcieren werden, dass sie möglicherweise auch den Einsatz von Leiharbeit und befristeten Arbeitsverhältnissen ausweiten und eine größere Mobilität von ihren Mitarbeitern verlangen werden. All dies erlaubt auf den ersten Blick eine Erweiterung von Flexibilität, ist aber sowohl aus einer gesellschaftlichen als auch aus betrieblicher Sicht mit Risiken verbunden. Wird Unsicherheit für Mitarbeiter tendenziell zum Dauerzustand, kann dies auf lange Sicht die Humanressourcen gefährden. Dies betrifft vor allem die Betriebsbindung, Loyalität, Lernbereitschaft und das sogenannte „Engagement aus freien Stücken". Darüber hinaus, gefährdet ein großer Umfang an Leiharbeitnehmern die für eine anspruchsvolle Produktion erforderliche Kompetenz. Entsprechende Hinweise finden sich auch in den Interviews mit den Unternehmensvertretern.

Aus einer gesellschaftspolitischen Perspektive liegen die größten Risiken in einer schnell voranschreitenden *Deregulierung von Arbeit*. So vollzieht sich im Bereich der betrieblichen Arbeitszeitpolitik derzeit ein grundlegender Modellwechsel „hin zu flexiblen und heterogenen Arbeitszeiten sowie der verblassenden empirischen Relevanz der Normalarbeitszeit" (Groß et al., 2007). Diese Entwicklung wird sich angesichts eines größeren Stellenwertes von Wandlungsfähigkeit beschleunigen. Das damit verbundene Problem liegt darin, dass das Normalarbeitsverhältnis seine „normgebende Funktion" verliert (Groß et al., 2007), ohne dass sich ein neues Bezugsmodell für Arbeitsverhältnisse herausbildet, das in ähnlicher Weise eine Schutzfunktion entfalten kann. Die Schutzfunktion, die das Normalarbeitsverhältnis leistet, betrifft Bereiche wie die Gesundheit von Beschäftigten oder „die Teilhabe am sozialen, kulturellen und politischen Leben". Der Verlust dieser Schutzfunktion und die Verunsicherung von breiten Schichten der Bevölkerung hätte nicht nur individuelle Nachteile, sondern es droht auch das Risiko, dass das Wirtschaftssystem einen Verlust an Legitimität erleidet. Letzteres ist vor allem von Konzepten zu erwarten, die sich am Bild der „atmenden", d.h. je nach Bedarf schnell den Personalstand verändernden Fabrik orientieren. Die atmende Fabrik (Haipeter und Lehndorff, 2004) wurde auch in einigen der Fallstudien als Leitvorstellung der Rationalisierung genannt. Was die atmende Fabrik aus Sicht der Beschäftigten bedeutet, hat Siegel beschrieben: *„Letztlich, so das Postulat, müsse jede und jeder damit rechnen, ab und zu ausgeatmet zu werden; daher seien alle dazu aufgerufen, sich selber zu rationalisieren und auf ständig neue Arbeitsbedingungen einzustellen, denn nur so haben sie die Chance, auch wieder eingeatmet zu werden"* (Siegel, 2003).

Diese Beispiele zeigen, dass aus einzelbetrieblicher wie gesellschaftlicher Interessenlage mit der betrieblichen Wandlungsfähigkeit ein Bedarf an arbeitspolitischer Regulierung entsteht. Zugleich wird deutlich, dass es einer ganzheitlichen Bilanzierung von Maßnahmen zur Erhöhung von Wandlungsfähigkeit bedarf. Dies bedeutet, dass auch gesellschaftliche und volkswirtschaftliche Kosten zu berücksichtigen sind. Daneben gibt es auch schlichten Aufklärungsbedarf. Beispielsweise wird dem Kündigungsschutz in Deutschland vorgeworfen, dass er die Flexibilität in den Betrieben einschränkt, weil er einer Trennung von Mitarbeitern bürokratische Hürden in den Weg stellt, Kündigungen verteuert und damit letztendlich ein „Atmen" der Betriebe verhindert. Dass die rechtlichen Normen und auch die Rechtspraxis diese ihr zugeschriebenen Eigenschaften nicht haben, belegen zahlreiche empirische Untersuchungen (Falke et al., 1981, Pfarr et al., 2005, Zachert, 2007). Die Ansicht eines Teils der befragten Betriebspraktiker spiegelt eine verbreitete Fehleinschätzung der Wirkung des Kündigungsschutzes wider. Die Forderung nach einer Deregulierung ist vor dem Hintergrund der empirischen Befunde nicht nur unnötig, sie führt auch zu negativen gesellschaftlichen Folgewirkungen. In der Fachliteratur wird auf eine größere Unsicherheit der

Arbeitsplätze und damit verbunden möglicherweise sogar eine Beschleunigung des demografischen Wandels verwiesen (Zachert, 2007).

Chancen	Problemfelder
• Steigende Anforderungen an Kompetenz und Selbststeuerung • Dauerhafte Lernanforderungen	• Forcierte Arbeitszeitflexibilisierung • Zunahme von Leiharbeit und Befristung • Erhöhte Mobilität • Unsicherheit als Dauerzustand • Leiharbeit und Befristung verringern organisatorische Lernfähigkeit • Erhöhter unternehmerischer Druck auf Deregulierung von Arbeit

Abbildung 14: Arbeitspolitische Chancen und Problemfelder der Wandlungsfähigkeit

3.2.2.6 Zusammenfassung

Die Studie kommt zu dem Ergebnis, dass die Potentiale zum Wandel steigen, wenn es gelingt, frühzeitig Mitarbeiter und Führungskräfte für die Aufgaben in einem zukünftig zu verändernden Produktionssystem zu qualifizieren. Als Erfolgsfaktoren nennen die befragten Unternehmensvertreter sowohl fachliche und methodische Kompetenzen als auch die Motivation, einen Wandel aktiv mitzutragen. Die Unternehmen sehen die größten Herausforderungen bei der Herstellung neuer oder veränderter Produkte und der Beherrschung sich verändernder Produktportfolios. Während Nachfrageschwankungen noch relativ gut durch flexible Arbeitszeit- und Beschäftigungsmodelle sowie Unternehmenskooperationen bewältigt werden können, sieht ein Großteil der befragten Unternehmen bei der Anpassung ihrer Produktionsstrukturen, Betriebsmittel und Kompetenzen an neue Produktmerkmale dringenden Handlungs- und Forschungsbedarf. Dieser wird von den befragten Unternehmen vor allem in der Entwicklung menschlicher Kompetenz zum Wandel gesehen.

Vor diesem Hintergrund stehen Unternehmen vor der Herausforderung, das Personal in seiner Bedeutung für die Wandlungsfähigkeit zu analysieren und personelle Kompetenzen in ein Modell der Planung und Realisierung von Wandlungsfähigkeit zu integrieren. Aufzunehmen sind vor allem menschliche Kompetenzen im Sinne von spezifischen fachlichen und methodischen Fähigkeiten sowie der Bereitschaft, Wandlungsprozesse zu unterstützen. Darüber hinaus wird es erforderlich, auch die Arbeits- und Betriebsorganisation in die Planung der Wandlungsfähigkeit zu integrieren, da diese den Mitarbeitern Funktionen im betrieblichen Ablauf zuweist und auf diese Weise über die Zuständigkeit und die organisationale Einbindung des Personals entscheidet.

Die thematisierten Gesichtspunkte bilden die Voraussetzung, um einen Wandel im technologischen Sinne durchführen zu können. Bleiben das Personal und die Arbeits- und Betriebsorganisation unberücksichtigt, können sie wandlungshemmend in Erscheinung treten – obwohl die technologischen Möglichkeiten gegeben sind, wird ein Wandel möglicherweise nicht in der gewünschten Form oder dem erforderlichen Zeitraum erreicht. Als wichtiges Handlungsfeld hat sich schließlich die arbeitspolitische Regulierung von Prozessen des personalen und organisationalen Wandels herausgestellt.

3.2.3 Logistische Gesichtspunkte der Wandlungsfähigkeit
Philip Fronia, IFA

Die im Rahmen der Fallstudie befragten Unternehmen sind Unsicherheiten durch wandelnde Außenanforderungen ausgesetzt, die logistische Aspekte der Wandlungsfähigkeit tangieren. Neben sich ändernden gesetzlichen Rahmenbedingungen und steigendem Konkurrenzdruck durch die fortschreitende Globalisierung wurde von den Unternehmen besonders häufig die sich permanent verändernden Anforderungen der Kunden genannt. Die steigende Individualisierung der Kundenanforderungen bedingt u. a. eine hohe Variantenzahl der Produkte mit immer kürzer werdenden Produktlebenszyklen. Auch die Forderung der Kunden nach kurzen Lieferzeiten und flexiblen Lieferbedingungen bei einer gleichzeitig hohen Mengenflexibilität sowie Liefertreue stellt die produzierenden Unternehmen vor große Herausforderungen.

Die starken Nachfrageschwankungen wurden in der Fallstudie als der Treiber genannt, der insbesondere in den letzten Jahren massiv an Bedeutung gewonnen hat. Um die Schwankungen der Kundennachfrage beherrschbar zu machen, muss das Unternehmen entweder eine hohe Ressourcenkapazität vorhalten, um Stückzahlspitzen abfangen zu können, kostenintensive Bestände vorhalten oder aber entsprechend wandlungsfähig sein. Wandlungsfähige Unternehmen sind in der Lage, auf die sich verändernden Anforderungen schnell und angemessen zu reagieren.

In diesem Kapitel stehen die logistischen Gesichtspunkte der Wandlungsfähigkeit im Fokus. Die vier von den Unternehmen der Fallstudie am meisten genannten und diskutierten Themen sind

- die Zusammenarbeit in Netzwerken und die Abstimmung bezüglich der Wandlungsfähigkeit,
- die Nutzung einer verlängerten Werkbank zur Abpufferung von Nachfrageschwankungen,
- das Zusammenwirken von Lean-Prinzipien und Wandlungsfähigkeit und
- die Schwierigkeiten bei der Bewertung von Wandlungsfähigkeit und die mangelnde Investition in Wandlungsfähigkeit.

3.2.3.1 Kooperation in Netzwerken

Die enge Kooperation in Produktionsnetzwerken birgt für die Unternehmen der Fallstudie nach eigenen Aussagen ein großes Potential zur Beherrschung der Unsicherheiten. Die starke Verzahnung der Unternehmen vom Zulieferer des Zulieferers bis zum Kunden des Kunden erfordert sowohl eine aktive Gestaltung des gesamten Netzwerkes als auch ein effizientes Management. Nur so können Optimierungspotentiale in der Wertschöpfungskette identifiziert und genutzt werden.

Obwohl die Zusammenarbeit in Produktionsnetzwerken als große Chance zur Beherrschung von Unsicherheiten gesehen wird, fehlt häufig die Abstimmung zwischen den Unternehmen der gesamten Wertschöpfungskette im Hinblick auf die Wandlungsfähigkeit. Dabei müssen alle Glieder des Netzwerkes ihren Wandlungsbedarf so aufeinander abstimmen, dass auf Veränderungen des Marktes reagiert werden kann.

„Das größte Problem im Hinblick auf die Wandlungsfähigkeit ist, alle ‚unter ein Dach' zu bekommen."

Die Einbindung der externen Lieferanten stellt viele der befragten Unternehmen vor eine große Herausforderung, insbesondere bei einer globalen Beschaffung. Die logistischen Schnittstellen zwischen den Unternehmen (Material-, Informations- und Werteflüsse) werden immer komplexer. Es fehlt den Unternehmen nach eigenen Aussagen häufig die notwendige Transparenz über die Lieferantenstruktur.

Eine noch engere Zusammenarbeit sei auch mit den Kunden erforderlich und dies über den gesamten Lebenszyklus eines Produktes hinweg. Bereits während der Entwicklungsphase eines neuen Produktes müssen nach Meinung der Unternehmen die Kunden besser integriert werden, um die gegenseitigen Anforderungen sowie Möglichkeiten abzustimmen. Zudem sei es wichtig, dass die Kunden die Grenzen der Stückzahlflexibilität kennen und sich darin bewegen. Dies erfordere eine deutlich stärkere Informationstransparenz und einen konsequenten Austausch der Informationen.

Zusammenfassend wurde in den Interviews deutlich, dass eine noch engere Zusammenarbeit mit den Partnern im Netzwerk erforderlich ist und diese von den Unternehmen auch angestrebt wird. Im Hinblick auf die Wandlungsfähigkeit steht das gesamte Netzwerk aber bisher noch zu wenig im Fokus. Maßnahmen zur Steigerung der Wandlungsfähigkeit beschränken sich bei den meisten der befragten Unternehmen bisher lediglich auf das eigene Unternehmen. Die Wandlungsfähigkeit muss jedoch über das gesamte Netzwerk geplant und umgesetzt werden. Dies erfordert sowohl die Einbindung der gesamten Lieferantenstruktur als auch der Kunden.

3.2.3.2 Verlängerte Werkbank

Stückzahlschwankungen in der Kundennachfrage sind für viele der befragten Unternehmen eine der wesentlichen Unsicherheitsfaktoren. Um die Nachfrageschwankungen abzupuffern, lagern viele der befragten Unternehmen temporär Fertigungs- oder Montagetätigkeiten an externe Partner aus. Die Unternehmen greifen auf die so genannte *verlängerte Werkbank* zurück, um nicht selber dauerhaft hohe Kapazitäten bereithalten zu müssen. Die Lohnfertiger der befragten Unternehmen sind meist kleine mittelständische Unternehmen aus dem nahen Umkreis. Diese bekommen häufig das komplette Know-how gestellt, teilweise sogar die benötigten Werkzeuge.

„Die verlängerte Werkbank ist zwar bezogen auf die Stückkosten zunächst teurer, schafft aber Spielraum."

3.2.3.3 Lean-Prinzipien und Wandlungsfähigkeit

Bei vielen Unternehmen der Fallstudie kommen Prinzipien des Lean Production zum Einsatz (zu Prinzipien und Methoden des Lean Production siehe beispielsweise (Womack et al., 1990)). Die Unternehmen wurden befragt, ob sie einen Widerspruch zwischen dem Lean-Gedanken einerseits und der Wandlungsfähigkeit andererseits sehen. Nein, ist die einheitliche Antwort. Die Unternehmen sehen keinen Grund, warum Lean-Prinzipien nicht mit einer hohen Wandlungsfähigkeit einhergehen sollten.

„Wenn ich Lean sein will, muss ich es immer sein, auch wenn sich etwas ändert."

Lean und wandlungsfähig schließen sich nach Meinung der Unternehmen nicht aus. Einige Unternehmen gehen noch einen Schritt weiter. Sie sind der Meinung, dass eine schlanke Produktion die Wandlungsfähigkeit sogar unterstützt, da alle Prozesse effizient, transparent und klar definiert sind.

„Je schlanker die Produktion ist, desto wandlungsfähiger ist sie."

Hinsichtlich einer hohen Wandlungsfähigkeit ist für die Unternehmen allerdings nicht nur eine schlanke Produktion ausschlaggebend. Den Lean-Gedanken allein auf die Produktion zu richten, sei zu kurz gedacht. Vielmehr müssten die gesamten Geschäftsprozesse des Unternehmens schlank gestaltet werden, von der Materialbestellung bis zur Abwicklung der Kundenaufträge.

3.2.3.4 Mangelnde Investition in Wandlungsfähigkeit

Maßnahmen zur Steigerung der Wandlungsfähigkeit sind den Unternehmen zwar bekannt, allerdings scheitert die Umsetzung bisher oft an den notwendigen Investitionskosten. Zusatzkosten gegenüber der Basisinvestition müssen der Geschäftsleitung bzw. dem Einkauf genau begründet werden. Zumal bei fast allen Unternehmen die Wandlungsfähigkeit bisher keine explizite Zielgröße des Unternehmens darstellt. Die Anschaffung einer wandlungsfähigen Produktionsanlage scheitert daher häufig an den höheren Anschaffungskosten. Wandlungsfähigkeit und insbesondere ihr Nutzen kann nur schwer bewertet werden, Zusatzkosten werden daher selten in Kauf genommen. Viel Überzeugungsarbeit sei notwendig und maximal ein Prozent der Auftragssumme als Investition in Wandlungsfähigkeit nennt ein Unternehmen der Fallstudie.

„Wandlungsfähige Technologien vorhalten, das zahlt uns keiner."

Diese fehlende Investition in Wandlungsfähigkeit bestätigen auch die Ausrüster der Fallstudie. Ihre Kunden seien nur sehr bedingt bereit, für wandlungsfähige Produkte mehr zu bezahlen, meist zähle nur der reine Basisinvest. Zudem werden viele wandlungsfähige Produkte, die es derzeit schon auf dem Markt gebe, überhaupt nicht nachgefragt. Mit höherer Wandlungsfähigkeit später Kosten zu sparen, ist also in vielen Unternehmen bisher kein Argument.

„Man gibt kein Geld für Eventualitäten aus."

Für zukünftige Investitionsentscheidungen sei daher eine Umstellung der Kostenrechnung hin zur produktbezogenen Rechnung und somit zur Investitionsentscheidung für wandlungsfähige Produktionssysteme erforderlich. Hierzu fehlen den Unternehmen aber noch die passenden betriebswirtschaftlichen Bewertungsansätze. Zudem müsse die Wandlungsfähigkeit, das fordern die Interviewpartner, als Zielgröße des Unternehmens aufgenommen werden.

3.2.4 Technologische Gesichtspunkte der Wandlungsfähigkeit

Arno Wörn, PTW

Gegenwärtige Investitionsentscheidungen für Maschinen und Anlagen vernachlässigen ein wichtiges Kriterium, die Wandlungsfähigkeit, die es ermöglicht, die Anlagen an zukünftige Produktionsanforderungen und -strukturen anzupassen. Die Option zur Wandlungsfähigkeit verringert das Risiko von Fehlinvestitionen, da die Systeme bei Bedarf wirtschaftlich umkonfiguriert werden können und dabei auch eine Reduzierung der Investitions- und Lebenszykluskosten einhergeht.

Die Wandlungsfähigkeit wird als Option verstanden, zum Zeitpunkt der Planung nicht vorhersehbare Produktionsanforderungen durch technische Veränderungen an Maschinen und Anlagen zu einem späteren Zeitpunkt in der Nutzungsphase abdecken zu können. Wandlungsfähige Maschinen und Anlagen besitzen keine expliziten Grenzen und erfordern daher eine lösungsneutrale Auslegung.

Die Hersteller von Maschinen und Anlagen müssen daher Betriebsmittel liefern, welche ein hohes Maß an Wandlungsfähigkeit hinsichtlich zukünftiger Produktionsanforderungen besitzen.

Ideale technologische Wandlungsfähigkeit von Maschinen und Anlagen erfordert kurze Innbetriebnahme- und Hochlaufzeiten, flexible Kapazitäten und eine große Anzahl an realisierbaren Fertigungsvarianten in der Produktion neuer Produkte.

Um die technischen Anforderungen an zukünftige, wandlungsfähige Produktionssysteme zu ermitteln, wurde im Rahmen des BMBF-Projektes „Wandlungsfähige Produktionssysteme" Erhebungen zu technologischen Wandlungsfähigkeit in der produzierenden Industrie durchgeführt. Die Ergebnisse werden nachfolgend dargestellt.

3.2.4.1 Wandlungsfähigkeit von Maschinen und Anlagen

Um die Wandlungsfähigkeit zu implementieren, installieren insbesondere OEMs und deren Zulieferer keine starren Fertigungsanlagen mehr. Für eine schnelle Wandlungsfähigkeit ist es erforderlich, modular konfigurierbare Einheiten zu bilden. Das Motto für die Entwicklung der Produktionsmaschinen lautet: schneller, genauer und billiger.

Die zunehmende Komplexität und Variantenvielfalt von Produkten erfordert Maschinen und Anlagen, die aufwandsarm in kurzer Zeit aufgabenspezifisch umkonfiguriert werden können. Zur Wandlungsfähigkeit auf Ebene der Maschine werden von den Unternehmen folgende Strategien verfolgt:

- Einsatz einfacher Maschinen für spezifische Arbeitsgänge die hoch arbeitsteilig und mit hoher Genauigkeit für die Fertigung vieler Produkte herangezogen werden können. Bei Stückzahlschwankungen können dann Maschinen flexibel hinzugefügt oder wieder abgebaut werden.

- Einsatz von Mehrtechnologie-Maschinen, die sinnvoll kombinierbare Prozesse in einer Maschine zur Komplettbearbeitung zusammenfassen. Die Teilefertigung kann durch Vielzahl an unterschiedlichen Verfahren erfolgen.

Eine Einschränkung der Wandlungsfähigkeit der Mehrtechnologie-Werkzeugmaschinen ergibt sich insbesondere durch die Beschränkung auf eine Fertigungsart (Spanen oder Umformen) und die oftmals ungenügende Wandlungsfähigkeit der Peripherie und Verkettung. Daneben erfordern Änderungen an Maschinen und Anlagen im Rahmen der Anpassung trotz aller bisherigen Ansätze immer noch aufwändige Umprogrammierung und Umbaumaßnahmen sowie eine erneute Inbetriebnahme. Insbesondere „Plug & Produce" an Maschinen und Anlagen ist bisher nicht zufriedenstellend umgesetzt worden.

Analysen und Ergebnisse

Vorhandene Steuerungssysteme und Planungsdaten weisen in vielen Fällen nach mehreren Jahren des Entwicklungsfortschrittes keine Durchgängigkeit und Versionskompatibilität auch auf. Die mangelnde Versionskompatibilität und flexible Modularität von Steuerungssystemen und Datenformaten behindert die Wandlungsfähigkeit.

Die Wandlungsfähigkeit umfasst auch die planerischen Aspekte der Rekonfiguration. Die durchgängige Verwendung von Maschinen- und Prozessdaten erleichtert die Planung und Durchführung von Änderungsarbeiten an Maschinen und Anlagen. Planungsstände werden in der Praxis jedoch oftmals nicht ausreichend und aktuell dokumentiert.

In vielen Unternehmen mangelt es an der digitalen Transparenz von Planungsunterlagen und Maschinendaten. Wichtige Änderungsarbeiten an Maschinen und Prozessen erfordern die Aktualität der Informationen. Sind diese nicht aktuell und konsistent verfügbar, bedürfen sie oftmals umfangreicher Rekonstruktionsmaßnahmen.

Als Handlungsfelder zur Erhöhung der Wandlungsfähigkeit von Maschinen und Anlagen werden identifiziert:

- Entwicklung einfacher prozess- und qualitätsorientierter Maschinen und Anlagen, die billige standardisierte und kompatible Einheiten bilden und schnelle Umstellfähigkeit von Prozessketten ermöglichen. Die Maschinen sind auf höchstmögliche Anpassungsfähigkeit hinsichtlich unterschiedlicher Energieversorgungen (länderabhängig), Bedienerqualifikation und Automatisierungsumfänge auszulegen.

- Wandlungsfähige Mehrtechnologie-Werkzeugmaschinen bedürfen der Entkopplung vom Prozessfokus. Zukünftige Werkzeugmaschinen müssen auch artfremde Prozesse in Prozessketten integrieren können.

- Wandlungsfähige Maschinen erfordern die Entwicklung von kostengünstigen und wandlungsfähigen Peripherien, Verkettungen, Automationen, Greifersystemen und Vorrichtungen.

- Entwicklung von „Plug & Produce" Ansätzen für einfache Nachrüstbarkeit von Komponenten in Maschinen und Anlagen.

- Ansätze für die digitale Transparenz von Planungsunterlagen, welche die durchgängige Verwendung von Planungs- und Prozessdaten erleichtert und die Durchführung von Änderungsarbeiten ermöglicht.
- Standards für die langfristige Versionskompatibilität und Durchgängigkeit von Produkt- und Steuerungsdaten.

3.2.4.2 Technologische Schnittstellen

Technologische Schnittstellen ermöglichen die flexible Modularität von Betriebsmitteln durch technische und organisatorische Kompatibilität und Integrierbarkeit von Komponenten. Sie bilden die Grundlage für die wandlungsfähige Vernetzung der Maschinensteuerung, der Rekonfiguration von Maschinen- und Steuerungskomponenten sowie die Ausführung von anpassungsfähigen Spannmitteln.

Darüber hinaus sind Ausrüster zunehmend als Systemintegratoren gefragt, die herstellerspezifische Komponenten und Module in Maschinen und Anlagen integrieren und eine Verminderung des Planungs-, Fertigungs- und Montageaufwandes in der Entwicklungs-, Herstell- und Inbetriebnahmephase von Maschinen anstreben. Der Einsatz standardisierter Schnittstellen ermöglicht herstellerübergreifende Kompatibilität und bietet Rationalisierungspotential durch wirtschaftliche Beschaffung.

Besonders im Bereich der technologischen Schnittstellen besteht ein massiver Verbesserungsbedarf. Das betrifft die mechanischen Schnittstellen genauso wie den Softwarebereich, die durch große Vielfalt und geringe Standardisierung geprägt sind.

Da die Verwendung von Hardware-Schnittstellen gegenüber Einmallösungen zusätzliche Kosten verursachen, stellt sich nicht nur die Aufgabe der Standardisierung sondern auch der Vereinfachung und Kostenreduzierung.

Als Handlungsfelder zur Erhöhung der Wandlungsfähigkeit werden identifiziert:

- Entwicklung von Standards für technologische und steuerungstechnische Schnittstellen im Maschinen- und Anlagenbau. Dies umfasst einheitliche Formate, Baugrößen, Belegungen (z. B. Steuerungstechnik) und hersteller- und versionskompatible Standards.

- Die Entwicklung robuster, preiswerter Schnittstellen für die aufwandsarme Integration von Komponenten und Modulen durch „Plug & Produce" an Maschinen und Robotern.

- Standardisierung von Schnittstellen im Bereich der Gebäude zum Anschluss von Maschinen. Dies umfasst Schnittstellen für Energie, Betriebsstoffe und Entsorgung.

- Konzeption robuster und kostengünstiger Werkstückspannmittel für hohe Werkstück-Variantenflexibilität und Prozessanforderungen (HSC/HPC).

3.3 Flexibilität durch Technologieeinsatz? – Nutzung und Erfolgswirkung flexibilitätsfördernder Technologien

Oliver Kleine, ISI
Steffen Kinkel, ISI
Angela Jäger, ISI

3.3.1 Flexibilitätsvorteile durch einen abgestimmten Kanon von Organisationskonzepten und Technologienutzung

Flexibilität ist in einer globalisierten Weltwirtschaft zum strategischen Wettbewerbsvorteil geworden (Blecker und Kaluza, 2004, Feierabend et al., 2006). Der Erfolg zahlreicher mittelständischer deutscher Unternehmen auf dem Weltmarkt zeigt, dass eine hohe Flexibilität Möglichkeiten bietet, sich erfolgreich dem Kostenwettbewerb zu entziehen und Wertschöpfung im Inland zu halten (Simon, 2007). Um dieses Ziel zu erreichen, müssen organisatorische Konzepte und Technologien im Kanon eingesetzt werden. Flexibilität bedeutet in diesem Zusammenhang aber nicht nur, flexibel auf die Belange der Kunden zu reagieren, sondern insbesondere die Wandlungsfähigkeit der gesamten Produktion durch adäquate Planung und Steuerung zu gewährleisten, auch über Unternehmensgrenzen hinweg (Hildebrandt et al., 2005). Die Komplexität moderner Produktionssysteme ist aufgrund sich ständig ändernder Informations- und Materialflüsse heute nur noch mit einem *adäquaten* Technologieeinsatz zu bewältigen (Lay et al., 2007).

Um dieser Herausforderung gerecht zu werden, sind neben der Bereitstellung geeigneter Fertigungstechnologien insbesondere auch geeignete Planungs- und

Steuerungssysteme notwendig. Während die Forschung immer noch an der Entwicklung ganzheitlicher und integrativer Systeme arbeitet, setzt die industrielle Praxis heute lediglich einzelne Elemente solcher Konzepte ein, allerdings mit sehr unterschiedlichen Ausprägungen, Intensitäten und Erfolgen (Barthel et al., 2002). In diesem Beitrag werden vier technologische Konzepte, welche jeweils exemplarisch für verschiedene informationstechnische Ebenen in der Produktion stehen, auf Basis der ISI-Erhebung Modernisierung der Produktion 2006 und im Rahmen der BMBF-Studie "Wandlungsfähige Produktionssysteme" (vgl. Abbildung 15) entlang der folgenden Fragen untersucht:

- Wie wirken sich die ausgewählten Technologien auf relevante, betriebliche Flexibilitätszielgrößen aus?

- Decken sich die Erfolgspotenziale mit den von den Betrieben verfolgten Zielen?

- Wie häufig und wie intensiv werden diese Technologien genutzt?

- Welche Rückschlüsse lassen die gewonnenen Erkenntnisse auf die weitere Verbreitung und notwendige Entwicklungen zu?

> **Die ISI-Erhebung *Modernisierung der Produktion* 2006**
>
> Das Fraunhofer-Institut für System- und Innovationsforschung (ISI) führt seit 1993 alle zwei Jahre eine Erhebung zur *Modernisierung der Produktion* durch. Bis 2003 beschränkte sich die Untersuchung auf Betriebe der Metall- und Elektro-, Chemischen und Kunststoffverarbeitenden Industrie Deutschlands. Die vorliegende Erhebung wurde erstmals auch auf Branchen wie das Ernährungsgewerbe, die Papier-, Holz- und Druckindustrie etc. ausgeweitet. Damit wird das Verarbeitende Gewerbe nunmehr insgesamt abgedeckt. Untersuchungsgegenstand sind die verfolgten Produktionsstrategien, der Einsatz innovativer Organisations- und Technikkonzepte in der Produktion, Fragen des Personaleinsatzes und der Qualifikation. Daneben werden Leistungsindikatoren wie Produktivität, Flexibilität und Qualität erhoben.
>
> Die folgenden Auswertungen stützen sich auf Daten der Erhebungsrunde 2006, für die 13 426 Betriebe des Verarbeitenden Gewerbes in Deutschland angeschrieben wurden. Bis August 2006 schickten 1 663 Firmen einen verwertbar ausgefüllten Fragebogen zurück (Rücklaufquote 12,4 Prozent). Die antwortenden Betriebe decken das gesamte Verarbeitende Gewerbe umfassend ab. Unter anderem sind Betriebe des Maschinenbaus und der Metallverarbeitenden Industrie zu 22 bzw. 20 Prozent vertreten, die Elektroindustrie zu 19 Prozent, das Papier-, Verlags- und Druckgewerbe zu 4 Prozent, das Textil- und Bekleidungsgewerbe zu 2 Prozent. Betriebe mit weniger als 100 Beschäftigten stellen 57 Prozent, mittelgroße Betriebe 38 Prozent und große Betriebe (mehr als 1 000 Beschäftigte) 5 Prozent der antwortenden Firmen.

Abbildung 15: Die ISI-Erhebung Modernisierung der Produktion 2006

3.3.2 Erfolgswirkung flexibilitätsorientierter Technologien

Das Erreichen bestimmter Flexibilitätsziele kann durch einen, unter wirtschaftlichen Aspekten adäquaten Technologieeinsatz unterstützt werden. Da betriebliche Flexibilität monetär nur schwer zu quantifizieren ist, werden zur Abschätzung der Erfolgswirkungen konkrete Flexibilitätszielgrößen wie beispielsweise das Erreichen einer hohen Kapazitätsauslastung und Liefertreue bei vergleichbar hoher Produktflexibilität herangezogen. Dabei haben EDV-gestützte Produktionsplanungs- und Steuerungssysteme (PPS) das Ziel, Probleme der dispositiven Planung des Produktionsablaufs trotz zunehmender Komplexität der Material- und Informationsflüsse unter zeitlichen und kapazitativen Gesichtspunkten mit vertretbarem Aufwand möglichst optimal zu lösen (Corsten, 2007). PPS-Systeme sind heute häufig als Module in sogenannten Enterprise Resource Planning-Systemen (ERP) integriert, deren Funktionsumfang auch andere betriebliche Teilbereiche wie zum Beispiel Vertrieb, Human Resources, Finanzen/Controlling etc. umfasst. Ziel ist unter anderem, einen Produktionsplan zu erstellen, der zu

Wandlungsfähige Produktionssysteme

minimalen Durchlaufzeiten bei maximaler Kapazitätsauslastung führt (Corsten, 2007).

Um die unternehmensübergreifende Koordination der Lieferantenkette zu unterstützen, werden zunehmend auch Supply Chain Management (SCM)-Systeme eingesetzt, durch welche die Unternehmen über standardisierte Schnittstellen (z. B. EDIFACT) Dispositionsdaten austauschen und in ihre PPS/ERP-Systeme integrieren – ebenfalls mit dem Ziel, die Liefertreue und Kapazitätsauslastung weiter zu verbessern.

Um die mit Hilfe von PPS- und SCM-Systemen ermittelten Produktionspläne umsetzen zu können, ist der Einsatz entsprechend flexibler Technologien im Bereich der Fertigung notwendig, von denen hier exemplarisch der Einsatz von rechnergestützten Maschinen und Anlagen im Rahmen von Computer Aided Manufacturing (CAM)-Konzepten und der Einsatz von Industrierobotern bzw. Handhabungssystemen (IR) betrachtet werden soll. Beide Technologien werden unter anderem mit dem Ziel eingesetzt, schnell auf Produkt- und Prozessveränderungen reagieren zu können, so dass trotz hoher Produktflexibilität eine geringe Durchlaufzeit und hohe Kapazitätsauslastung erreicht werden kann.

Mit Unterstützung von SCM-Systemen lässt sich die Termintreue verbessern

Hinweise auf die tatsächlichen Einflüsse der vorgestellten Technologien auf relevante Erfolgsgrößen liefern bivariate Vergleiche (vgl. Abbildung 16). Erwartungsgemäß zeigt sich für SCM-Systeme ein positiver und statistisch signifikanter Einfluss auf die Termintreue. Im Mittel liegt die Termintreue bei Betrieben, die solche Systeme nutzen, um fast 3 Prozentpunkte über derjenigen von Betrieben, die diese nicht nutzen. SCM-Systeme scheinen also ihrem Anspruch an eine Verbesserung der Effizienz und Reaktionsgeschwindigkeit von verteilten Wertschöpfungsketten durch einen schnellen und reibungslosen Informationsaustausch zumindest in dieser Hinsicht gerecht zu werden. Dass sich keine Effekte in Bezug auf die Kapazitätsauslastung zeigen, liegt ebenfalls im Rahmen der Erwartung, da diese Aufgabe vorrangig anderen Systemen gleicher Ordnung wie zum Beispiel PPS-Systemen obliegt. Dennoch sei hier darauf hingewiesen, dass SCM-Systemen als wichtige Datenschnittstelle zu externen Lieferanten in diesem Zusammenhang eine wichtige Rolle zukommen kann.

Analysen und Ergebnisse

Technologienutzung	termingerecht ausgelieferte Aufträge (in %)			Grad der Kapazitätsauslastung (in %)		
Nutzung	nein	ja	Delta	nein	ja	Delta
SCM-Einsatz	88,1	90,9***	+2,8	86,0	85,8	-0,2
PPS/ERP-Einsatz	89,8	88,6**	-1,2	84,6	86,7**	+2,1
CAM-Einsatz	89,9	88,5**	-1,4	85,8	86,0	+0,2
IR-Einsatz	88,5	90,0**	+1,5	86,4	84,8	-1,6
Signifikanzniveau der Gruppenvergleiche (nach T-Test & Mann-Whitney-U-Test): ** $p<0,05$, ***$p<0,01$; N > 1600 (Quelle: ISI-Erhebung Modernisierung der Produktion 2006)						

Abbildung 16: Einfluss der Nutzung ausgewählter Technologien auf Flexibilitätszielgrößen

PPS-Systeme scheinen die Termintreue eher zu verringern

Gängige PPS/ERP-Implementierungen gehen von einem hierarchischen aber ganzheitlichen Planungsansatz aus, bei dem die Kapazitäts- und Durchlaufzeitenterminierung eine gemeinsame Stufe bildet. Ausgehend von einer gegebenen Terminplanung wird ein Produktionsplan abgeleitet, mit dem diese Termine bei möglichst optimaler Nutzung der gegebenen Kapazitäten zu halten sind. Tatsächlich scheint sich der Einsatz von PPS-Systemen mit einer Verbesserung von etwa 2 Prozentpunkten positiv auf die Kapazitätsauslastung auszuwirken. Die Termintreue verschlechtert sich allerdings um mehr als einen Prozentpunkt. Dies unterstreicht die oft geäußerte Kritik an der Struktur gängiger PPS/ERP-Systeme, welche die unzureichende Rückkopplung und Abstimmung von Sekundärbedarfs- und Kapazitätsplanung auf die Zeitplanung bemängelt (Corsten, 2007). Insbesondere die Kapazitätsbedarfe werden auf der Basis von geschätzten, mittleren Durchlaufzeiten bestimmt, welche häufig nicht den tatsächlichen Durchlaufzeiten in der Fertigung entsprechen. Ohne eine entsprechende Rückkopplung dieser Daten in das PPS/ERP-System werden die ursprünglichen Produktionspläne dann manchmal obsolet und können zu Verzögerungen in der Fertigung führen. Dies deutet daher darauf hin, dass selbst heute noch die adäquate Terminplanung ein Problem für gängige PPS/ERP-Systeme darstellt.

CAM-Systeme wirken sich nicht unmittelbar auf Flexibilitätszielgrößen aus

Die Ergebnisse aus Abbildung 16 zeigen, dass der Einsatz von CAM-Systemen in ähnlicher Größenordnung zu einer Verschlechterung der Termintreue führt wie der Einsatz von PPS/ERP-Systemen, während es keine Effekte auf den Grad der Kapazitätsauslastung zu geben scheint. Gerade der negative Effekt auf die Termintreue ist nicht unmittelbar plausibel. Hier liegt die Vermutung nahe, dass es sich eher um einen mittelbaren Effekt handelt, das heißt, dass der Einsatz von CAM-Systemen nicht ursächlich für diese Beobachtung ist. Wie oben argumentiert, ist die Einhaltung der Termintreue hochgradig von einer verlässlichen Planung (z. B. auf Basis von PPS/ERP-Systemen) sowie zudem von geeigneten organisatorischen Strukturen abhängig, auf die die CAM-Systeme als solche keinen Einfluss haben, so dass sie Fehler auf diesen Ebenen nicht kompensieren können.

IR-Systeme können helfen, die Durchlaufzeiten zu reduzieren

Bei Industrieroboter- und Handhabungssystemen (IR) handelt es sich heute um universell programmierbare und damit flexibel anwendbare Automatisierungssysteme und Anlagen (Corsten, 2007). Wie die Ergebnisse in Abbildung 16 zeigen, weisen Betriebe, die IR-Systeme in der Fertigung einsetzen, eine deutlich bessere Liefertreue auf als Nichtnutzer dieser Technologie. Sie sind um 1,5 Prozentpunkte überlegen, so dass dieser Befund die Bedeutung von IR-Systemen als Mittel zur Reduzierung der Durchlaufzeiten bei gleichzeitig hohen Flexibilitätsanforderungen an die Automatisierung unterstreicht. Sie scheinen sich allerdings nicht dazu zu eignen, gleichzeitig auch die Kapazitätsauslastung zu erhöhen. Für das gleichzeitige Erreichen einer hohen Kapazitätsauslastung bei geringen Durchlaufzeiten scheinen eine Unterstützung durch geeignete Organisationsprinzipien und der Einsatz entsprechender IT-Systeme entscheidender als der reine IR-Einsatz zu sein.

Der Technologieeinsatz und seine Planung in den Betrieben hängt weniger von den tatsächlich erreichbaren als vielmehr von den jeweils vermuteten Erfolgswirkungen ab. Ein flexibilitätsorientierter Betrieb wird daher die Entscheidung, eine der hier betrachteten Technologien einzusetzen, vor allem davon abhängig machen, ob er eine positive Wirkung auf die von ihm verfolgten Flexibilitätsziele vermutet. Abbildung 17 zeigt die Verbreitung von CAM-, IR-, PPS- und SCM-

Systemen differenziert nach den vorrangig verfolgten strategischen Zielen der Betriebe, wobei die Flexibilitätsziele Termintreue und Produktflexibilität von anderen strategischen Zielen (z. B. Preisführerschaft, Qualitäts- oder Technologieführerschaft) abgegrenzt werden.

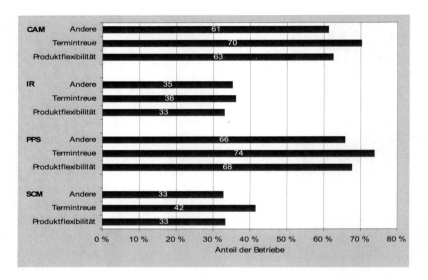

Abbildung 17: Technologieeinsatz nach Differenzierungsstrategien im Wettbewerb; N = 1459 (ISI-Erhebung Modernisierung der Produktion 2006)

PPS-Systeme – vermutete und tatsächliche Erfolgswirkung divergiert

Es zeigt sich, dass Betriebe, die primär auf Termintreue als Differenzierungsmerkmal im Wettbewerb setzen, deutlich häufiger SCM-, PPS/ERP- und CAM-Systeme nutzen als Betriebe mit anderen Zielen. Hinsichtlich des Einsatzes von IR-Systemen lässt sich keine Dominanz eines Flexibilitätsziels gegenüber den anderen Zielen feststellen. Während dieses Ergebnis vor dem Hintergrund der oben diskutierten, tatsächlichen Erfolgswirkung auf die Termintreue für SCM-Systeme zu erwarten war, so ist es allerdings für PPS-Systeme erklärungsbedürftig. Dies deutet darauf hin, dass sich die Betriebe zwar eine verbesserte Termintreue von diesen Systemen versprechen, sie aber in der Praxis nicht erreichen bzw. umsetzen können. Hier scheint spezifischer Informations- und Unterstützungsbedarf in den Betrieben zu bestehen.

Produktflexibilitätsstrategie und Technologieeinsatz hängen nicht unmittelbar zusammen

Bemerkenswert ist die allenfalls durchschnittliche Bedeutung von Produktflexibilität (im Sinne kundenspezifischer Anpassungen) als Unternehmensziel auf die Verbreitung der genannten Technologien. Die Unternehmen betrachten offensichtlich den Technologieeinsatz nicht als erste Lösung, um eine hohe Produktflexibilität zu erreichen, sondern machen dieses Ziel vor allem von anderen Faktoren abhängig. In diesem Zusammenhang scheinen organisatorische Konzepte eine eher gewichtigere Rolle als die hier angesprochenen Technologien zu spielen (Kinkel et al., 2007).

3.3.3 Verbreitung flexibilitätsorientierter Technologien

Vor dem Hintergrund der dargestellten Flexibilitätswirkungen und strategischen Einschätzungen der Betriebe stellt sich die Frage, welche der betrachteten Technologien von welchen Betrieben besonders häufig genutzt werden und welche Betriebstypen gegebenenfalls Flexibilitätspotenziale verschenken. Dazu sind differenzierte Analysen notwendig, die den verschiedenen Produktionsstrukturen und damit auch Einsatzmöglichkeiten dieser Technologien in den Betrieben Rechnung tragen.

PPS-Systeme sind weit verbreitet

Es zeigt sich, dass von allen hier betrachteten Technologien PPS-Systeme die breiteste Anwendung finden (vgl. Abbildung 18): 65 Prozent der Betriebe im Verarbeitenden Gewerbe nutzen solche Systeme bereits. Falls die 12 Prozent der Betriebe, die eine Einführung in den nächsten zwei Jahren planen, dies auch verwirklichen, so könnte der Diffusionsgrad schon bald auf über 75 Prozent steigen. Damit läge man bereits recht nahe am "realistischen Maximum" von etwa 85 Prozent, sofern man davon ausgeht, dass in den 15 Prozent der Betriebe, die keine Einsatzmöglichkeit für PPS-Systeme sehen, dies auch tatsächlich der Fall ist. Dies scheint wahrscheinlich, da es sich bei diesen zu zwei Dritteln um Betriebe handelt, die weniger als 50 Beschäftigte haben.

Differenziert man die Nutzungshäufigkeiten nach Branchen, so fällt ein deutlicher „Sprung" auf. Die Nutzungshäufigkeiten im Maschinenbau, der Elektroindustrie, der Medizin-, Mess-, Steuer-, Regelungstechnik und Optik sowie im Fahrzeugbau liegen deutlich über dem Durchschnitt. Insbesondere in letzterer Branche nutzen 84 Prozent der Betriebe ein solches System, 65 Prozent sogar besonders intensiv. Insgesamt lässt sich die hohe Nutzungsintensität mit der hohen Produkt- und Fertigungskomplexität der genannten Wirtschaftszweige erklären. Die steigende Variantenvielfalt verschärft das Komplexitätsproblem in der Produktionsplanung und -steuerung und ist vielfach nur noch mit entsprechenden EDV-Lösungen zu bewältigen, in deren Mittelpunkt moderne und modular erweiterbare PPS/ERP-Systeme stehen.

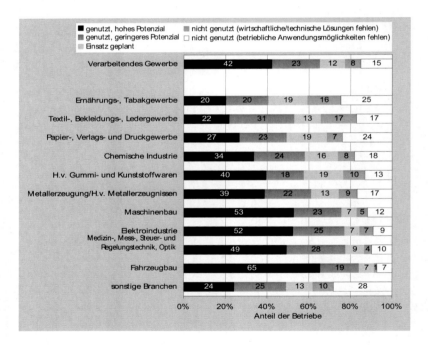

Abbildung 18: Verbreitung von PPS/ERP-Systemen nach Branchen; N = 1650 (ISI-Erhebung Modernisierung der Produktion 2006)

Wie sich weiter zeigt, werden die vermuteten wirtschaftlichen Vorteile zu einer weiteren Verbreitung mit hoher Dynamik gerade in den Branchen führen, die heute unterdurchschnittliche Nutzungshäufigkeiten aufweisen. Hersteller von Metallerzeugnissen, von Gummi- und Kunststoffwaren oder die Chemische Industrie werden aufholen und sich dem hohen Nutzungsniveau der oben genannten Branchen annähern. Ob sich die erhofften Flexibilitätspotenziale in diesen Branchen mit ihren spezifischen Produktionsstrukturen dann auch wie erwartet realisieren lassen, bleibt abzuwarten, da hierfür eine Flankierung mit adäquaten Organisationsprinzipen zumindest ebenso entscheidend ist.

CAM ist ähnlich weitverbreitet wie PPS/ERP

CAM-Konzepte haben heute mit 63 Prozent einen ähnlich hohen Verbreitungsgrad wie PPS-Systeme (vgl. Abbildung 19). Im Gegensatz zu diesen fällt allerdings auf, dass nur knapp die Hälfte aller Anwender diese Systeme intensiv nutzt. Da nur 5 Prozent der Betriebe eine Einführung planen, wird zudem die zu erwartende Dynamik vergleichsweise gering sein. Etwas höher ist der 7-Prozent-Anteil der Betriebe, die zwar eine Einführung in Betracht ziehen würden, dies aber aufgrund fehlender technischer bzw. wirtschaftlicher Lösungen nicht tun. Somit könnte die zu erwartende Dynamik durch die Entwicklung entsprechender wirtschaftlicher und technischer Lösungen noch etwa um dieselbe Spanne gesteigert werden. Die überdurchschnittlichen Anwendungshäufigkeiten bei Produkten mittlerer (71 Prozent) und hoher Komplexität (66 Prozent) unterstreichen die Bedeutung der informationstechnischen Unterstützung rechnergesteuerter Maschinen und Anlagen vor allem für die Bedingungen einer komplexen Fertigung.

Analysen und Ergebnisse

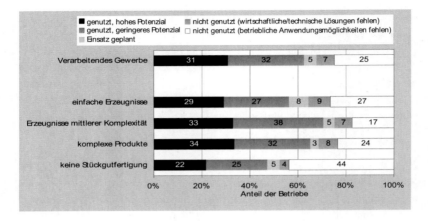

Abbildung 19: CAM-Verbreitung nach Produktkomplexität; N = 1603 (ISI-Erhebung Modernisierung der Produktion 2006)

CAM Know-how scheint unterschiedlich ausgeprägt zu sein

Betrachtet man die Betriebe, die keine betrieblichen Anwendungsmöglichkeiten von CAM sehen, so zeigt sich ein auffälliger Unterschied in den entsprechenden Anteilen: Hersteller von einfachen bzw. komplexen Produkten sehen deutlich häufiger keine Anwendungsmöglichkeit (27 Prozent bzw. 24 Prozent) als solche, die Produkte mittlerer Komplexität herstellen (17 Prozent). Dies ist insofern verwunderlich als zumindest bei der Herstellung von komplexen Produkten mit einem ähnlichen bzw. höheren Bedarf an informationstechnischer Anbindung der Fertigungsanlagen an die betrieblichen EDV-Systeme zu rechnen wäre. Dies könnte darauf hindeuten, dass den Betrieben nicht alle Anwendungsmöglichkeiten von CAM-Konzepten bekannt sind, was auf entsprechende Informations- und Qualifizierungsbedarfe schließen ließe. Der hohe Anteil von nicht Stückgut fertigenden Betrieben der Prozessindustrie, die keine Anwendungsmöglichkeiten sehen, spiegelt andere Technologielinien wider (z. B. Großanlagen), die in diesen Kontexten alternativ zum Einsatz kommen.

IR- und SCM-Systeme werden nur von einem Drittel der Betriebe eingesetzt

IR- und SCM-Systeme werden mit durchschnittlich 35 Prozent bzw. 33 Prozent nicht nur wesentlich seltener als die zuvor diskutierten PPS- oder CAM-Systeme eingesetzt, sondern zudem auch mit erheblich geringeren Intensitäten (vgl.

Wandlungsfähige Produktionssysteme

Abbildung 20). Nur etwas mehr als ein Drittel der Anwender von IR nutzt diese intensiv, bei SCM-Systemen tut dies sogar nur ein Viertel der Nutzer. Differenziert man die Nutzung dieser Technologien nach der Seriengröße der hergestellten Produkte, so nimmt die Nutzung sowohl in der Häufigkeit als auch in der Intensität mit steigender Seriengröße zu und liegt bei Großserien jeweils deutlich (52 Prozent bei IR bzw. 47 Prozent bei SCM) über dem jeweiligen industriellen Durchschnitt.

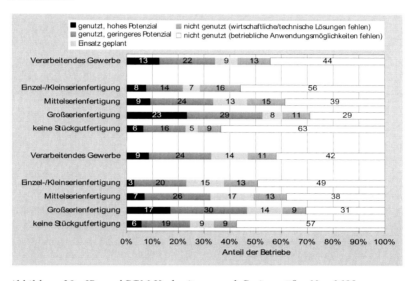

Abbildung 20: IR- und SCM-Verbreitung nach Seriengröße; N = 1609 (ISI-Erhebung Modernisierung der Produktion 2006)

Während bei IR-Systemen insbesondere wirtschaftliche Aspekte die vorgefundene Verteilung erklären könnten (der Stückkosteneffekt der Investitionskosten nimmt mit zunehmender Stückzahl ab), so spielen bei der Verbreitung von SCM-Systemen wahrscheinlich zusätzlich geringere Integrationsmöglichkeiten von Betrieben mit eher kleinen Stückzahlen in entsprechend organisierte und hochvolumige Supply Chains eine Rolle: Im Rahmen des ABC-Teilemanagements werden wohl Hersteller mit großen Losgrößen vorrangig integriert, um den Koordinationsaufwand möglichst gering zu halten. Kleinere werden folglich nicht an den SCM-Systemen partizipieren, so dass selbst das Vorhandensein geeigneter wirtschaftlicher Lösungen für solche Betriebe dann von dieser Tatsache überlagert bzw. begrenzt wird.

Die Verbreitung von SCM wird sich dynamisch entwickeln

Hinsichtlich der Verbreitung von SCM-Systemen innerhalb der stückgutproduzierenden Industrie ist in den nächsten zwei Jahren mit einer sehr dynamischen Entwicklung zu rechnen. Die Anteile der Betriebe, die eine Einführung alleine in den kommenden zwei Jahren planen, liegen zwischen 14 Prozent und 17 Prozent, was bezogen auf die aktuelle Verbreitung teilweise einen Zuwachs von mehr als 50 Prozent bedeuten würde. Dies spiegelt die zunehmende Bedeutung eines professionellen Supply Chain Managements in verteilten Wertschöpfungsnetzwerken wider, wie es zum Beispiel innerhalb des Fahrzeugbaus zu finden ist. Flexibilität bedeutet hier vielfach auch, die Wertschöpfungskette „just in time" zu beherrschen und trotz komplexer Verflechtungen, schlanker Lager und kleiner Puffer eine hohe Termintreue zu erreichen. Gerade dazu scheinen SCM-Systeme einen Beitrag leisten zu können. Vor diesem Hintergrund deuten die vergleichsweise hohen Anteile von Unternehmen, die solche Systeme aus wirtschaftlichen oder technischen Gründen nicht einführen können (9 bis 13 Prozent) zwar auch noch auf relevantes ungenutztes Potenzial dieser Technologien hin. Es ist jedoch fraglich, ob dieses alleine durch die Verfügbarkeit entsprechender Konzepte gehoben werden kann oder ob nicht die organisatorischen Rahmenbedingungen die Wirtschaftlichkeit der vorhandenen technischen Lösungen stärker beeinflussen (wie oben argumentiert).

Zur weiteren Verbreitung von IR werden flexible und wirtschaftliche Konzepte für KMU sowie Klein- und Mittelserien benötigt

Im Gegensatz zu den SCM-Systemen wird die zu erwartende Dynamik beim IR-Einsatz zwar auch auf einem insgesamt hohen Niveau liegen (9 Prozent für das Verarbeitende Gewerbe), sie wird jedoch nur in Betrieben mit mittelgroßen Serien überdurchschnittlich hoch sein (13 Prozent). Deutlich höher als der Anteil der Unternehmen, die eine Einführung planen, ist der Anteil der Betriebe, denen für eine Einführung adäquate technische oder wirtschaftliche Lösungen fehlen. Bei Herstellern von Kleinserien sind dies 16 Prozent, bei mittelgroßen Serien 15 Prozent und bei Großserien immerhin noch 11 Prozent. Werden diese Größen auf die aktuellen Nutzungsgrade bezogen, so deutet das auf erhebliche Steigerungspotenziale, insbesondere für Einzel- und Kleinserienfertiger hin (> 70 Prozent der derzeitigen Nutzungsquote). Vor dem Hintergrund der gezeigten und erwartbaren

Flexibilitäts- und Wirtschaftlichkeitspotenziale könnte daher die Entwicklung und Bereitstellung technisch flexiblerer und kostengünstigerer IR-Systeme, gerade auch für kleinere und mittlere Betriebe mit Klein- und Mittelserienproduktion zu einer relevanten Verbesserung ihrer strategischen Wettbewerbsfaktoren beitragen.

3.3.4 Fazit

Flexibilität wird im globalen Wettbewerb immer wichtiger. Viele Kunden erwarten kurze Lieferzeiten bei hoher Termintreue und die Fähigkeit, Produkte kurzfristig an ihre individuellen Wünsche anpassen zu können. In Industrieunternehmen wird daher neben entsprechenden organisatorischen Lösungen der Einsatz flexibilitätsfördernder Technologien als eine wesentliche Voraussetzung für eine wandlungsfähige Produktion wichtiger.

IR- und insbesondere SCM-Systeme eröffnen Flexibilitätspotenziale ...

Wie dargestellt eignen sich neben dem Einsatz von IR-Systemen gerade SCM-Systeme in ihrer Funktion als wichtige Schnittstelle des Unternehmens in der Wertschöpfungskette dazu, die Liefertreue zu verbessern. Die Unternehmen haben diesen Sachverhalt erkannt und setzen vermehrt solche Technologien ein, um dieses Ziel zu erreichen. Auch andere Systeme wie PPS/ERP und CAM werden von den Unternehmen mit der Zielsetzung eingesetzt, ihre Liefertreue zu verbessern. Allerdings zeigt sich, dass Erstere ihr Potenzial eher hinsichtlich einer besseren Kapazitätsplanung ausspielen. Hinsichtlich der realistischen Möglichkeiten zur Verbesserung der Liefertreue durch PPS-Systeme bestehen sowohl ein Informations- als auch ein Unterstützungsbedarf seitens der Bereitsteller dieser Technologien.

... organisatorische statt technische Konzepte sind aber manchmal die trächtigere Alternative

An dieser Stelle gilt es aber auch festzuhalten, dass durch technologische Lösungen alleine noch keine höhere Flexibilität oder gar Wandlungsfähigkeit zu erreichen ist. Notwendig sind immer auch entsprechende organisatorische Konzepte. Vielfach kann es sogar sinnvoller sein, Flexibilitätsspielräume nicht durch universellere oder mächtigere Technologien, die zudem meist mit einem hohen Planungsaufwand einhergehen, zu erschließen, sondern eine günstigere Kombination von Basistechnologien und flexibler, organisatorischer Ausgestaltung zu konzipieren.

Der integrative Einsatz von PPS, SCM, CAM und IR könnte weitere Flexibilitäts- und Leistungsspielräume eröffnen

Dennoch sind alle vier hier betrachteten Technologien wichtige Elemente eines ganzheitlichen und integrativen Produktionsplanungs- und -steuerungssystems in produzierenden Betrieben. Vor diesem Hintergrund ist der hohe Verbreitungsgrad von PPS/ERP und CAM als positiv zu beurteilen. Im Gegensatz dazu ist die noch niedrige Verbreitung von SCM-Systemen durchaus kritisch zu sehen. Ihre Daten sind gerade in verteilten Wertschöpfungsnetzwerken eine wichtige Voraussetzung zur Verbesserung der Planungsgrundlage von PPS/ERP-Systemen. Eine weitere aktive Bereitstellung geeigneter Lösungen, insbesondere auch für Klein- und Mittelserienfertiger, könnte daher angezeigt sein. Ähnliches gilt für die Entwicklung und Verbreitung flexibler IR-Systeme. Hier könnte insbesondere das Fehlen von wirtschaftlich vorteilhaften und gleichzeitig technisch flexiblen Lösungen ursächlich für die etwas verhaltene Entwicklung gerade auch bei kleinen und mittelgroßen Betrieben sowie Klein- und Mittelserienfertigern sein. Somit ist auch hier weiterhin Handlungsbedarf gegeben, da flexible Automatisierungslösungen zunehmend zu einer wichtigen Voraussetzung zur Verbesserung der zentralen strategischen Wettbewerbsfaktoren der deutschen Industrie werden könnten.

3.4 Management der Wandlungsfähigkeit – Forschungsbedarf für die Produktion von morgen

Julia Pachow-Frauenhofer, IFA
Michael Heins, IFA
Max von Bredow, iwb
Pascal Krebs, iwb
Arno Wörn, PTW

3.4.1 Vorgehensweise

Die Zusammenführung der Ergebnisse aus der Definitions- und Analysephase erfolgte in der Synthesephase. Die aus der Literatur, der ISI-Studie sowie aus den Fallstudien gewonnenen Erkenntnisse wurden verdichtet. Es sollte aufgedeckt werden, in welchen Bereichen bereits Ansätze zu wandlungsfähigen Produktionssystemen existieren und an welcher Stelle der größte Forschungsbedarf ist. Hierbei wurde auf den Kubus, das Wirkmodell der Wandlungsfähigkeit eines Produktionssystems (vgl. Kapitel 2) zurückgegriffen. Zur Gewährleistung eines systematischen Vorgehens wurde das Modell der „Vier Phasen der Wandlungsfähigkeit" entwickelt. Anhand dieses Modells ist ein systematischer Abgleich zwischen der Ist-Analyse und dem in Kapitel 2.4 dargestellten Soll-Wert der Wandlungsfähigkeit in Produktionssystemen möglich, aus dem der Forschungsbedarf abgeleitet werden kann. Zur Aufnahme der Ist-Situation dienten sowohl die Literaturquellen als auch die Ergebnisse aus den Fallstudien und der ISI-Studie. Der im Anschluss stattfindende Öffentliche Diskurs (vgl. Kapitel 4) gewährleistete die Verbreitung der Ergebnisse in Industrie und Wissenschaft. Dabei wurden Anregungen der Industrievertreter und Wissenschaftler zur weiteren Gestaltung der Forschungsarbeit gesammelt.

Die Analyse hat gezeigt, dass in der Literatur bereits einzelne Lösungen zu wandlungsfähigen Produktionssystemen vorhanden sind (Hartmann, 1995, Sudhoff et al., 2006). Es gibt sowohl einige Arbeiten, die sich mit rekonfigurierbaren Maschinen beschäftigen (Abele et al., 2006, Heisel und Martin, 2004, Koren, 2005) als auch mit wandlungsfähigen Fabrikstrukturen (Hernández, 2003, Reinhart et al., 2002, Wiendahl und Hernández, 2002). Aber auch die Bewertung von Wandlungsfähigkeit ist in der Literatur ein wichtiges Thema (Heger, 2006). Die Auswertung offenbart jedoch auch, dass es eine große Diskrepanz zwischen den in der Literatur diskutierten Lösungen und in der industriellen Praxis umgesetzten und bekannten Lösungen gibt. Viele in der Wissenschaft diskutierte Themen haben (noch) keinen oder nur einen geringen Einfluss auf die industrielle Praxis, wie der Vergleich der Literatur mit den Fallstudien zeigte.

3.4.2 Vier Phasen der Wandlungsfähigkeit

Zum Ausbau und zur Sicherung der Wandlungsfähigkeit ist es von großer Bedeutung, dass sie analysiert, bewertet, gestaltet und ständig verbessert, d. h. gemanagt wird. Ein einheitliches, strukturiertes Vorgehen fehlt jedoch, um alle Phasen der Wandlungsfähigkeit zu berücksichtigen und so auch den ganzheitlichen Forschungsbedarf aufzudecken. Hierzu wurde das Modell der „Vier Phasen der Wandlungsfähigkeit" entwickelt. Abbildung 21 zeigt das entwickelte Modell. Dieses berücksichtigt die Analyse, die Bewertung, die Gestaltung sowie das ständige Verbessern der Wandlungsfähigkeit. Die Studie hat gezeigt, dass nur unter Berücksichtigung aller vier Phasen ein Produktionssystem wandlungsfähig sein und bleiben kann. In allen Phasen werden ganzheitliche Lösungen und Methoden, d. h. mit menschbezogenem, technischem und organisatorischem Bezug, gesucht.

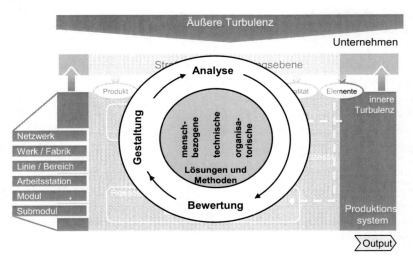

Abbildung 21: Modell der Vier Phasen der Wandlungsfähigkeit

In der ersten Phase wird zum einen analysiert, welchen Wandlungsbedarf das Produktionssystem abhängig von seiner Einbindung in die Wertschöpfungskette hat und mit welchen Reaktionsstrategien auf die Wandlungstreiber reagiert werden kann. Es ist davon auszugehen, dass eine ideale Wandlungsfähigkeit nicht äquivalent mit der maximalen Wandlungsfähigkeit ist. Der Wandlungsbedarf wird durch die jeweiligen Märkte, die relevanten Technologieentwicklungen, die Produkte, die Unternehmensgröße sowie die Unternehmensstrategie bestimmt. So ist bei start-up Unternehmen, die ein sehr dynamisches Wachstum in der Produktion haben, ein anderes Maß an Wandlungsfähigkeit vonnöten als bei saturierten Unternehmen. Ebenso bedarf ein Unternehmen, das auf Technologieführerschaft setzt, ein anderes Maß an Wandlungsfähigkeit als ein Unternehmen, das auf Preisführerschaft setzt. Die systematische Ermittlung des Bedarfes an Wandlungsfähigkeit gilt es, in Zukunft genauer zu untersuchen, um daraus den Handlungsbedarf und die wesentlichen Ansatzpunkte ableiten zu können.

In der zweiten Phase wird die Wandlungsfähigkeit des Unternehmens bewertet. Es muss u. a. untersucht werden, welches Verhältnis zwischen Aufwand und Nutzen der Wandlungsfähigkeit herrscht. Dafür müssen Methoden geschaffen werden, die Wandlungsfähigkeit unter Berücksichtigung von menschbezogenen, technischen und organisatorischen Aspekten bewertbar machen. Gerade in der zweiten Phase sehen die Unternehmen, wie die Fallstudien zeigen, sowohl ein großes Potenzial für Hemmnisse bei der Umsetzung der Wandlungsfähigkeit als auch eine große Chance für die Wandlungsfähigkeit. So sollte in Zukunft auch die Vorteilhaftigkeit der Wandlungsfähigkeit im Gegensatz zur Flexibilität bewertbar sein.

In der dritten Phase wird die Wandlungsfähigkeit gestaltet. Es werden sowohl menschenbezogene als auch technische und organisatorische Lösungen und Methoden gesucht und umgesetzt, um den vorher analysierten Bedarf an Wandlungsfähigkeit im Unternehmen zu gestalten. Fokus ist die Umsetzung der Wandlungsfähigkeit und vor allem die Nutzung der wandlungsfähigen Produktionssysteme. Hier besteht der zukünftige Forschungsbedarf darin, robuste, preiswerte und standardisierbare Schnittstellen zu entwickeln, divergierende Lebenszyklen des Produktes, der Technologie sowie des Prozesses zu beherrschen und automatische Montagesysteme zu befähigen, immer wieder neu aufwandsarm verkettet zu werden.

Der Kreis in Abbildung 21 symbolisiert die vierte Phase. Die Wandlungsfähigkeit muss ständig verbessert und dem Wandlungsbedarf angepasst werden. Denn die zu einem Zeitpunkt initiierte Wandlungsfähigkeit genügt meist nicht, die Produktionssysteme über ihren gesamten Lebenszyklus wandlungsfähig zu gestalten. Hier ist eine dynamische Betrachtung der Wandlungsfähigkeit im Sinne eines kontinuierlichen Verbesserungsprozesses vonnöten. In der vierten Phase besteht der vorrangige Forschungsbedarf also in der dynamischen Betrachtung der Wandlungsfähigkeit. Wie die Wandlungsfähigkeit im zeitlichen Verlauf genutzt und wie eine dauerhafte, adaptierende Wandlungsfähigkeit in der Produktion erreicht werden kann, sind die zentralen Fragestellungen, die im Zuge der vierten Phase erforscht werden sollten. Hierunter fällt auch die Optimierung des Anlauf- und Auslaufmanagements hinsichtlich der Wandlungsfähigkeit.

Anhand der genannten Erkenntnisse lassen sich folgende übergreifende Forschungsthesen formulieren:

- „Die Wandlungsfähigkeit der Fabrik erfordert eine ganzheitliche Gestaltung der Schnittstellen."
- „Wandlungsfähigkeit muss in der gesamten Wertschöpfungskette anforderungsgerecht gestaltet und harmonisiert werden."

In beiden Themenfeldern spielen die divergierenden Lebenszyklen von Technologie, Produkt und Prozess sowie die Bewertungsverfahren eine maßgebliche Rolle. Diese müssen zu organisatorischen, technischen sowie menschenbezogenen Lösungen führen. Die Thesen stellen des Weiteren Querschnittsthemen aus allen vier Phasen der Wandlungsfähigkeit dar und werden im Folgenden im Detail erläutert.

3.4.3 Problemstellung Schnittstellen in Fabriken

Der dargestellte Turbulenzdruck auf ein Unternehmen (vgl. Kapitel 2.2.2) äußert sich in der Fabrik selbst in einer steigenden Komplexität der technischen Anlagen, der darin zum Einsatz kommenden Technologien sowie der hergestellten Produkte. Entsprechend werden auch die Leistungsanforderungen an die Mitarbeiter erhöht. Die daraus resultierenden technischen, organisatorischen und logistischen Schnittstellen stellen ein Unternehmen rasch vor sehr große Herausforderungen. Schnittstellen schaffen jedoch die Voraussetzung für die technische, organisatorische und logistische Wandlungsfähigkeit in der Produktion.

Bei der gezielten ganzheitlichen Gestaltung der Schnittstellen innerhalb der Fabrik existiert heutzutage noch eine Vielzahl an Herausforderungen. So sind aufgrund der zunehmenden Modularität der Anlagen robuste und standardisierte technologische Schnittstellen beispielsweise der rekonfigurierbaren Maschinenmodule notwendig. Der Grad der Rekonfigurierbarkeit ist dabei abhängig von der Fähigkeit, die Module in die Maschinenstruktur zu integrieren und kurze, wirtschaftliche Umrüstzyklen zu gewährleisten (Koren et al., 1999). Die Schnittstellen müssen die langfristige Austauschbarkeit der Module sowie eine Maschinenstandardisierung ermöglichen. Ein Beispiel einer rekonfigurierbaren Maschine zeigt Abbildung 22. Dies stellt hohe Anforderungen an die Ausführung der Schnittstellen.

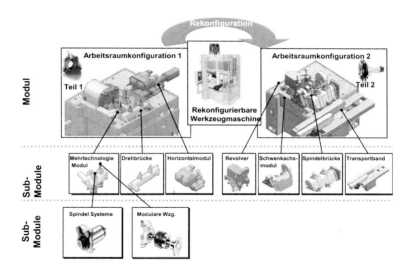

Abbildung 22: Beispiel einer rekonfigurierbaren Maschine

Auch die organisatorischen und logistischen Schnittstellen, die die Informations-, Material- und Entscheidungsprozesse beeinflussen, stellen eine große Herausforderung dar. Ein ganz wesentliches Problem ist der immer noch zu beobachtende oben erwähnte Mangel an geeigneten Bewertungssystemen für die Wandlungsfähigkeit. So fehlen Argumentationshilfen, die die mittel- bis langfristige Wirtschaftlichkeit von Schnittstellen, die die Wandlungsfähigkeit ermöglichen, aufdecken und die Nachhaltigkeit derartiger Maßnahmen offensichtlich machen.

Weitere Aspekte sind die wandlungsfeindliche Unternehmenskultur, die keine geeigneten Anreizsysteme zur Wandlungsfähigkeit bereit hält, viel zu oft kurzfristiges Denken fördert und keine wandlungsfähige Organisationsstruktur unterstützt. Eine Herausforderung stellen die divergierenden Lebenszyklen von Produkt, Technologie und Prozess während der Analyse der Bewertung, der Gestaltung sowie der Verbesserung dar.

Der Bedarf nach geeigneten zukünftigen Lösungen ist also groß. So gilt es, Methoden für die Darstellung der resultierenden Kosten im Falle eines Verzichts auf Wandlungsfähigkeit bei den Schnittstellen zu finden. Es müssen Instrumente wie z.B. Planspiele entwickelt werden, die die Mitarbeiter zur Wandlungsfähigkeit qualifizieren und damit zur Nutzung der ganzheitlichen Schnittstellen befähigen. Zudem muss eine wandlungsförderliche Struktur der Organisation geschaffen werden. Des Weiteren sind Kennzahlen und Methoden zur Bewertung des aktuellen Reifegrades einer praktizierten Wandlungsfähigkeit notwendig. Dies spielt insbesondere vor dem Hintergrund der sich immer weiter verkürzenden Produktlebenszyklen eine bedeutende Rolle. In diesem Zusammenhang ist außerdem die Frage nach der Gestaltung einer geeigneten „Sprungfähigkeit" zur bestmöglichen Umsetzung der durch die Wandlungsfähigkeit bereits vorliegenden grundsätzlichen Veränderungsfähigkeit eines Systems insbesondere in einer so dynamischen Phase wie dem Produktionsanlauf zu klären. Auch hier ist die Gestaltung ganzheitlicher Schnittstellen unter dem Aspekt der Wandlungsfähigkeit von großer Bedeutung. Die Frage ist, wie die Schnittstellen zwischen Anlauf- und Auslaufmanagement hinsichtlich der Wandlungsfähigkeit optimiert werden können. Des Weiteren besteht Forschungsbedarf im Bereich der Analyse, der Gestaltung, der Bewertung sowie der Nutzung sinnvoller Standardisierungen von technischen Schnittstellen.

3.4.4 Problemstellung Netzwerke

In dem bereits in den vorangegangenen Abschnitten erläuterten verschärften Wettbewerbsumfeld ist eine Konzentration produzierender Unternehmen auf ihre Kernkompetenzen unabdingbar. Diese Kernkompetenzfokussierung bedingt eine zunehmende Fragmentierung der Wertschöpfung in der produzierenden Industrie und der Wertschöpfungsprozess erfolgt zunehmend in Kooperationen mehrerer Unternehmen (Kascouf und Celuch, 1997, Kurr, 2004, Schuh und Kurr, 2005). Somit steigt die Bedeutung von globalen Wertschöpfungsketten im industriellen Leistungserbringungsprozess.

Daher erfolgte in der Wissenschaft eine Erweiterung des Betrachtungsraumes von der einzelnen Fabrik auf die gesamte Wertschöpfungskette bzw. das Wertschöpfungsnetz. Begriffe wie beispielsweise das Supply Chain Management oder das Supply Network Design wurden geprägt. Im Rahmen dieser Forschungsarbeiten wurden eine Vielzahl von Methoden wie beispielsweise das Supply Chain Mapping oder das Supplier Relationship Management entwickelt. Des Weiteren wurde der zunehmenden Internationalisierung der Wertschöpfung Rechnung getragen und zum Beispiel Methoden zur Gestaltung globaler Wertschöpfungsnetze erarbeitet.

Wie in der Analyse der Literatur und der Fallstudie deutlich wurde, beschränken sich die wissenschaftlichen Arbeiten zur Wandlungsfähigkeit jedoch maximal auf die Ebene der Fabrik und lassen die Integration in eine Wertschöpfungskette unberücksichtigt. Daher sind die Forschungsarbeiten zu wandlungsfähigen Produktionssystemen auf die Betrachtungsebene der Wertschöpfungskette bzw. des Wertschöpfungsnetzes zu erweitern, um den beschriebenen Entwicklungen in der produzierenden Industrie Rechnung zu tragen.

Vor dem Hintergrund einer wandlungsfähigen Produktion sind alle Glieder einer Wertschöpfungskette – sowohl unternehmensintern als auch unternehmensübergreifend – so aufeinander abzustimmen, dass sie durch den gezielten Einsatz von Wandlungsbefähigern auf Wandlungstreiber rechtzeitig und angemessen reagieren können. Ermöglicht wird dies durch die Analyse, Planung, Bewertung und Gestaltung von Wandlungsfähigkeit aller Glieder innerhalb einer Wertschöpfungskette (vgl. Abbildung 21). Diese Systematik ist durch technische, menschbezogene und organisatorische Methoden und Lösungen umzusetzen. Forschungsbedarf besteht zum einen in der Fragestellung, wie Technik und Organisation zu gestalten sind, um die Wandlungsfähigkeit der Wertschöpfungskette zu erhöhen, zum anderen in der Entwicklung von Methoden zur Befähigung der Menschen zum Wandel.

Bei der Analyse und Planung von Wandlungsfähigkeit liegt Forschungsbedarf in der Entwicklung von Methoden vor, die bezogen auf die gesamte Wertschöpfungskette dazu beitragen, den derzeitigen und zukünftigen Bedarf an Wandlungsfähigkeit zu identifizieren und Handlungsempfehlungen bzgl. der Planung von Wandlungsfähigkeit zu geben. Um eine Aussage über die Wandlungsfähigkeit einer Wertschöpfungskette treffen zu können, sind geeignete Parameter zur Bestimmung dieser zu erarbeiten (vgl. Abbildung 23). Hierbei ist zusätzlich fest-

Analysen und Ergebnisse

zulegen, welcher Parameter an welcher Stelle und zu welchem Zeitpunkt zu messen ist, um eine möglichst hohe Aussagekraft zu erreichen. Da die Material- und Informationsflüsse einer Wertschöpfungskette nicht als statisch angenommen werden können, sind diese dynamisch über die einzelnen Stufen hinweg zu betrachten.

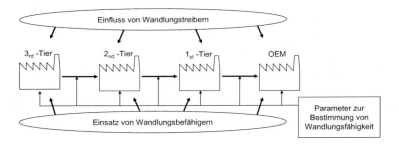

Abbildung 23: Wandlungsfähigkeit in Wertschöpfungsketten

Des Weiteren ist zu erarbeiten, welche Wandlungstreiber auf eine Wertschöpfungskette Einfluss nehmen, welche Wirkung sie hervorrufen und in wieweit Abhängigkeiten zwischen den Wandlungstreibern vorliegen. Außerdem ist zu ermitteln, welche Wandlungsbefähiger in einer Wertschöpfungskette eingesetzt werden können. Insbesondere ist zu prüfen, ob die Sammlung bekannter Wandlungsbefähiger um weitere zu ergänzen ist, die ausschließlich in einer Wertschöpfungskette zur Anwendung kommen.

Ein Abgleich zwischen einer theoretisch möglichen Wandlungsfähigkeit aller Glieder in der Wertschöpfungskette und der tatsächlich notwendigen Wandlungsfähigkeit kann nur durch Methoden und Werkzeuge zur Bewertung von Wandlungsfähigkeit erfolgen. Daher muss es Ziel zukünftiger Forschungsarbeiten sein, bereits existierende Ansätze in Forschung und Industrie so weiter zu entwickeln, dass sie die gesamte Wertschöpfungskette berücksichtigen.

3.4.5 Fazit

Im Zuge der BMBF Vorstudie „Wandlungsfähige Produktionssysteme" wurde die hohe Bedeutung des Themas Wandlungsfähigkeit in der Industrie verifiziert und der bestehende Handlungs- und Forschungsbedarf erarbeitet. Zentraler Bestandteil der Untersuchung waren zum einen Literaturrecherchen und zum anderen Fallstudien mit namhaften Unternehmen (vgl. Kapitel 3.2). Beide Untersuchungen haben gezeigt, dass bereits Bemühungen zur Gestaltung wandlungsfähiger Produktionssysteme existieren. Diese Ergebnisse untermauern, dass die heute installierten Maßnahmen bei weitem nicht ausreichen, um die Unternehmen in ausreichendem Maße für den Wandel zu qualifizieren. Anhand des Modells der „Vier Phasen der Wandlungsfähigkeit" wurden die aufgenommen Ergebnisse systematisch analysiert und zu Forschungsthesen verdichtet. Der identifizierte Forschungsbedarf kann in zwei Forschungsthesen subsumiert werden. Zum einen wurde ermittelt, dass vorrangig durch eine ganzheitliche Gestaltung der Schnittstellen innerhalb der Fabrik ein Unternehmen befähigt wird, wandlungsfähig zu sein bzw. zu bleiben. Zum anderen wurde eine Ausweitung der Betrachtungsgrenzen auf die gesamte Wertschöpfungskette postuliert, um so der zunehmenden Fragmentierung der Wertschöpfung Rechnung zu tragen. Von besonderer Bedeutung sind bei beiden Forschungsthesen die Bewertung der Wandlungsfähigkeit sowie die divergierenden Lebenszyklen von Produkt, Prozess und Technologie. Diese Ergebnisse wurden in einem Öffentlichen Diskurs mit Vertretern aus Industrie und Wissenschaft eingehend diskutiert (vgl. Kap. 4)

4 Öffentlicher Diskurs

4.1 Einführung

Der öffentliche Diskurs diente in der Ergebnisphase des Projekts zwei Zielen: Zum einen der Vorstellung der bisher gewonnenen Erkenntnisse vor einer Fachöffentlichkeit, um das Konzept der Wandlungsfähigkeit zu erläutern, dafür zu werben und sein Potential darzustellen; zum anderen der Überprüfung und Weiterentwicklung des bisherigen Erkenntnisstandes im Rahmen eines Plenums zur Feststellung der Akzeptanz des Konzepts und zur Identifizierung des weiteren Forschungsbedarfs.

Der Diskurs fand am 13. Februar 2008 im Produktionstechnischen Zentrum der Universität Hannover statt und zeigte schon durch die Zahl der Teilnehmer, welch hohes Interesse am Thema der Wandlungsfähigkeit existiert. Teilnehmer waren neben Vertretern der Wissenschaft und der Industrieunternehmen, die an den Fallstudien aus der Analysephase des Projektes teilgenommen hatten, zahlreiche weitere Industrievertreter. Insgesamt 145 Teilnehmer repräsentierten über dreißig Forschungseinrichtungen und mehr als 60 Unternehmen sowie weitere Institutionen. Begleitet wurde der Öffentliche Diskurs wie auch das gesamte Projekt durch einen Expertenkreis, aus dem auch die Impulsvorträge zur anschließenden Diskussion kamen. Einleitend stellte Dr. Wieczorek für das BMBF die Bedeutung des Konzepts der Wandelbarkeit für das Rahmenprojekt "Forschung für die Produktion von morgen" heraus. Nach der Präsentation des Kurzfilms zum Projekt folgten der Einleitungsvortrag von Prof. Nyhuis und anschließend eine erste Diskussionsrunde mit vier Impulsvorträgen, die den Beiträgen 4.2.1 bis 4.2.4 dieses Bandes zugrunde liegen. Das Nachmittagsprogramm bestand aus drei Workshops zur Präzisierung des ermittelten Forschungsbedarfs und zur inhaltlichen Vertiefung möglicher Lösungsansätze für Probleme, die einer höheren Wandlungsfähigkeit in der produzierenden Industrie noch im Wege stehen. Abschließend fand noch eine Diskussionsrunde statt, in der die Ergebnisse der Workshops vorgestellt wurden.

In seiner allgemeinen Einführung in das Thema stellte Prof. Nyhuis anhand der in der Definitionsphase erläuterten Begriffe das Konzept wandlungsfähiger Produktionssysteme vor. Dessen Notwendigkeit ergibt sich aus einer Analyse der Wandlungstreiber in turbulenten Geschäftsumfeldern und der Erkenntnis, dass

Wandlungsfähige Produktionssysteme

Flexibilität der Produktionssysteme alleine nicht mehr ausreicht, um den Anforderungen gerecht zu werden, sondern Flexibilität ihrerseits hinsichtlich festgelegter Fähigkeitsbereiche, Skalierbarkeit und eines möglichen Rückbaus in einen erweiterten Lösungsraum der Wandlungsfähigkeit vorausgeplant werden muss. Dazu ist es nötig, Produktionssysteme so zu betrachten, dass mühelos zwischen verschiedenen Betrachtungsebenen – von einzelnen Arbeitsstationen und Modulen über das gesamte Werk bis hinauf zu Netzwerken – gewechselt werden kann. Nur so können die einzelnen Gestaltungsfelder über das gesamte Wertschöpfungsnetz hin analysiert und Wandlungsbefähiger identifiziert werden. Erst dann kann das Management der Wandlungsfähigkeit mit Analyse, Bewertung, Gestaltung und kontinuierlicher Optimierung einsetzen.

Aus den durchgeführten Fallstudien lassen sich, wie in Kapitel 3.4 gezeigt, zwei zentrale Forschungsthesen ableiten, die auf zwei hauptsächliche Problemstellungen auf dem Weg zu einer idealen Wandlungsfähigkeit verweisen: Die Schnittstellen in den Fabriken und die Verknüpfung wandlungsfähiger Produktionssysteme im Netzwerk.

These 1: Die Wandlungsfähigkeit der Fabrik erfordert eine ganzheitliche Gestaltung der Schnittstellen.

Probleme ergeben sich hier aus hohen Schnittstellenkosten, aus einem wegen gewachsener und inkompatibler Organisationsstrukturen und Daten erschwerten Änderungsmanagement, fehlender Standardisierung von Anlagentechnik hinsichtlich Energie, Information, Mechanik, Materialfluss und Spannsystemen. Allgemein wird bei den Schnittstellen noch wenig Augenmerk auf ihre Wandlungsfähigkeit gelegt.

These 2: Wandlungsfähigkeit muss in der gesamten Wertschöpfungskette anforderungsgerecht gestaltet und harmonisiert werden.

Die Schwierigkeiten liegen in der steigenden Komplexität der Wertschöpfungskette. Die Anforderungen an ihre Wandlungsfähigkeit sind vielschichtig und dynamisch, zudem ist eine ideale Wandlungsfähigkeit der Wertschöpfungskette nicht eindeutig zu bestimmen. Die fünf in der Definitionsphase benannten Wandlungsbefähiger – Universalität, Modularität, Kompatibilität, Mobilität und Skalierbarkeit – beeinflussen sich je nach dem Grad ihrer Verwirklichung wechselseitig, so dass das schwächste Glied die Wandlungsfähigkeit insgesamt überproportional bestimmt.

Öffentlicher Diskurs

Beide Problemfelder – Schnittstellen und Netzwerk – erfordern, jeweils unter verschiedenen Gesichtspunkten erwogen zu werden: Hinsichtlich der eingesetzten Fertigungstechnologie, hinsichtlich der Steuerung und logistischen Anbindung der Fertigung und hinsichtlich der Anforderungen an Belegschaft und Organisationsstruktur und -strategie. Daraus ergibt sich die Themengliederung des öffentlichen Diskurses wie in Abbildung 24.

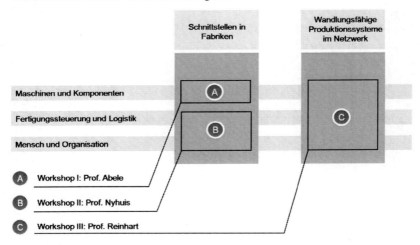

Abbildung 24: Themengliederung Öffentlicher Diskurs

Die Impulsvorträge zum Diskurs stellen zwei Beispiele aus der Investitionsgüterindustrie und zwei Beispiele aus dem Bereich der Endverbraucher-Produkte zusammen. Im Folgenden stellt zunächst die Firma teamtechnik (4.2.1) ihr Konzept einer prozessmodularen Anlagentechnik vor, das sich ganz auf die Bereitstellung von schnell und einfach austauschbaren Fertigungs- sowie die Integration von Prüfmodulen konzentriert. Die Firma EMAG (4.2.4) beschreibt die Herausforderungen der Wandlungsfähigkeit aus der Sicht der Werkzeugmaschinenherstellung. Was Wandelbarkeit für die Hersteller von Endprodukten aus dem Hochtechnologiebereich bedeutet, erläutern dann die Beiträge der Firmen Sennheiser (4.2.2) und BMW (4.2.3).

Darauf folgen Darstellungen der Diskussionsergebnisse, die in den verschiedenen Workshops erzielt wurden.

Workshop 1 (4.3.1), geleitet von Prof. Abele, widmete sich dem Thema der Wandlungsfähigkeit in der Produktion mit dem Fokus auf Maschinen und Komponenten. Workshop 2 (4.3.2), geleitet von Prof. Nyhuis, befasste sich mit den Themen Fertigungssteuerung und Logistik sowie Mensch und Organisation. Die Workshops 1 und 2 fragen also nach Wandlungsbefähigung auf der Ebene von Werk/Fabrik und darunter. Workshop 3 (4.3.3), geleitet von Prof. Reinhart, stand im Zeichen der Wandlungsfähigkeit im Netzwerk und betrachtete Wandlungsfähigkeit also über die gesamte Wertschöpfungskette hinweg. Alle drei Workshops suchten zunächst Probleme der Wandlungsfähigkeit in ihrem jeweiligen Themenbereich zu identifizieren, um dann nach möglichen Lösungen zu fragen, Hindernisse bei der Umsetzung solcher Lösungen zu erkennen sowie den nächstliegenden, dringendsten Forschungsbedarf aus Sicht der Praxis einzugrenzen.

4.2 Fallbeispiele

4.2.1 Fallbeispiel teamtechnik – Prozessmodulare Anlagentechnik – Idee und Ziele

Hubert Reinisch, teamtechnik Maschinen und Anlagen GmbH

4.2.1.1 Der Markt hat sich verändert

Mit dem Markt haben sich auch die Produktionsbedingungen verändert. Die Produktlebenszyklen werden kürzer, die Variantenvielfalt steigt. Die Anforderungen an die Prozesssicherheit der eingesetzten Fertigungstechnologien nehmen zu. Vor Produktionsanlauf bleiben nur noch kurze Planungsphasen, um die Herstellung neuer Produkte und insbesondere neuer Varianten zu realisieren. Zugleich mit dieser Entwicklung steigt ständig der Kostendruck auf die Produktion. Schließlich werden an Produktionsanlagen heute hohe Mobilitätsanforderungen gestellt. Um unter diesen Bedingungen weiterhin erfolgreich produzieren zu können, werden zukunftsstabile Anlagensysteme mit hoher Flexibilität und Wirtschaftlichkeit benötigt.

4.2.1.2 Prozessmodulare Plattform

1997 wurde von teamtechnik deshalb eine prozessmodulare Plattform entwickelt und permanent weiterverfolgt, die durch die seither gebauten, prozessmodularen Produktionsanlagen weltweit zur industriellen Herstellung unterschiedlichster Produkte eingesetzt wird.

Die Grundidee sind autarke, mechatronische Prozessmodule, wobei jedes Prozessmodul einen fertigungs-, montage- und/oder prüftechnischen Hauptprozess trägt. Durch eine bedarfsangepasste Reihen- und/oder Parallelschaltung dieser Prozessmodule wird eine prozessmodulare Anlage in Form einer Prozessbank aufgebaut.

Diese prozessmodulare Anlagentechnik dient als Basis für technologische Fortentwicklungen der Produktion. Sie ist hochflexibel, ermöglicht die schnelle und wirtschaftliche Bereitstellung von Anlagen und ist vorbereitet auf spätere, geplante oder ungeplante Erweiterungen und Umbauten. Die einzelnen Prozessmodule sind austauschbar und kombinierbar. Auf zunächst neutralen Prozessträgern werden die benötigten Prozesse geplant und konstruiert. Es entsteht ein Prozessmodul wie in Abbildung 25.

Abbildung 25: Prozessmodul Roboter

Die Herstellung sowie die mechanische und elektrotechnische Montage der prozessmodularen Produktionsanlage kann massiv dezentral und parallel erfolgen. Jedem Prozessmodul ist logisch und physikalisch ein zugehöriges Softwaremodul zugeordnet, das das Prozessmodul steuert. Die Prozesssteuerungs-Hardware, auf der das Softwaremodul zum Ablauf gelangt, kann lokal auf dem Prozessmodul selbst sitzen. Oder auf einem Prozessor zum Ablauf gelangen, auf dem die Abarbeitung mehrerer Prozess-Softwaremodule zusammengefasst erfolgt. Je nach Performanceanforderung und Wirtschaftlichkeit. Die Inbetriebnahme der so aufgebauten Prozessmodule wird dadurch erleichtert.

Die Integration der Prozessmodule ins Produktionssystem erfolgt ebenso umstandslos, vermittels einfacher Hubwagen und Steckverbindungen für den Daten- und Energietransfer.

4.2.1.3 Der teamtechnik-Prozesspool

Die so entstandenen Prozessmodule werden zusammengefasst zu einem Prozesspool, aus dem sich anforderungsgerecht die jeweils benötigten Prozesse zusammenstellen lassen oder der sich um neu benötigte Prozessmodule ergänzen lässt. Standardisierte Prozessmodule im Prozesspool erlauben eine schnelle projektspezifische Anpassung und kurze Inbetriebnahme- und Lieferzeiten. Dabei handelt es sich um in der Praxis bereits erprobte Prozessmodule, die sich nach Bedarf weiterentwickeln und ausreifen lassen. Die Datenbank des teamtechnik-Prozesspools enthält derzeit über 700 standardisierte, produkt- und kundenspezifische Prozesse. Solche bereits konstruierten Prozesse dienen als Wissensbasis und mechatronische Startkonfiguration für neu aufzubauende Prozesse, die damit umso schneller und zuverlässiger realisierbar sind. Es entsteht ein flexibler Systembaukasten (vgl.Abbildung 26).

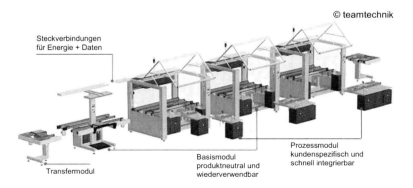

Abbildung 26: TEAMOS Systembaukasten

4.2.1.4 Mensch-Prozess-Kooperation (MPK)

Das auf Prozesspool, Automatisierung und Prozessmodularisierung beruhende Systemdesign wird ergänzt durch MPK-Systeme für kleine Stückzahlen und große Taktzeiten. Bei einer intelligenten Mensch-Prozess-Kooperation geht effizienter Werker-Einsatz Hand in Hand mit minimaler Automatisierung und dient als Basis für One-piece-flow und One-set-flow.

Die prozessmodulare Anlagenplattform ist so gestaltet, dass je nach wirtschaftlicher und technischer Erfordernis, Mensch und Prozessmodule in jeweils geschützten Arbeitsräumen zusammenarbeiten können. Diese hybride Mensch-Prozess-Kooperation ermöglicht es, nur diejenigen Prozessschritte in einer ersten Investitionsstufe in Prozessmodulen abzubilden, die zwingend nicht durch den Menschen gemacht werden können oder dürfen.

4.2.1.5 Systemvorteile

Als produktneutrale Plattform für Montage- wie Prüfprozesse dient das Montagesystem TEAMOS, auf dem bedarfsgerechte Anlagenkonfigurationen verwirklicht werden können. Anlagen und Prozesse können durch die modulare Konzeption flexibel umgerüstet werden, der Automatisierungsgrad wird frei nach Anforderung bestimmt, und es kann im Typen- und Variantenmix produziert werden. Das System ermöglicht eine freie Anlagenplanung in den verschiedensten Bauformen (vgl. Abbildung 27).

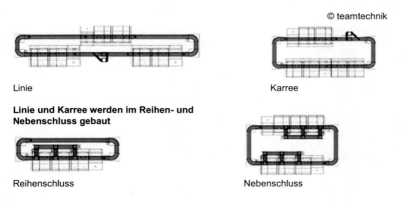

Abbildung 27: Bauformen

Werden durch entsprechende Markt-Nachfrage oder fortschreitende Forschung und Entwicklung Produktänderungen erforderlich, erlaubt das System eine zügige Reaktion durch eine zielgerichtete Integration neuer, weiterentwickelter oder entsprechend dem aktuellen Erkenntnis- und Wissensstand optimierter Prozessmodule. Zudem können je nach Marktlage flexibel verschiedene Ausbaustufen der Produktionsanlagen angestrebt werden, so dass die Produktion sich dem entstehenden Stückzahlen-Bedarf anpasst.

Die Investitionen werden optimal abgesichert, da das System dem Motto "Klein starten – Groß wachsen" folgt. Beim stufenweisen Ausbau von der Prozessbank zur Vorserienfertigung mit originalen Prozessmodulen bis hin zu einer Hochproduktionsanlage können alle verbauten Module bei Erweitern der Anlage weiter verwendet werden (vgl. Abbildung 28).

Abbildung 28: Integration der Prozessmodule in ein TEAMOS-Montagesystem

4.2.1.6 Die nächsten Ziele

Die augenblickliche Entwicklung gilt Prozessmodulen mit verteilten Einsatzorten. Längerfristig geht es darum, die prozessmodulare Anlagentechnik mit bereits über 700 erprobten und gebauten Montage- und Prüfprozessen zu einer umfangreichen und schlagkräftigen Prozessmodul-Bibliothek weiter auszubauen und das Kosten/Leistungs-Verhältnis jedes einzelnen Prozessmoduls stetig zu verbessern. Das bedeutet eine "Evolution" der Prozessmodule.

Daraus ergeben sich die nächsten Ziele. Der künftige Handlungsbedarf besteht darin, noch effizienter auf die technologische Fortentwicklung der Fertigungsprozesse, der Produkte und der Wechselwirkungen zwischen Produkten und Fertigungsprozessen reagieren zu können – gleich ob die Veränderungen geplant oder ungeplant, beabsichtigt oder erzwungen sind. Die Kernaufgaben dabei sind die produktionstechnische Abstraktion weiterer Schlüsselprozesse und die Entwicklung von Prozessmodulen für miniaturisierte Produkte. Die Maschinen müssen schneller und effizienter werden. Notfallstrategien für Prozessausfälle müssen entwickelt werden. Und die Inbetriebnahmezeiten bis zur betriebsbereiten Übergabe eines Produktionssystems müssen weiter verkürzt werden.

Besonders wichtig ist es, Prozessmodule mit neuen Technologien oder im Preis/Leistungsverhältnis deutlich verbesserte Prozessmodule sofort zu testen, mögliche Schwachstellen zu beseitigen und in den Prozesspool zur Nutzung einzustellen.

Defizite ergeben sich bei der derzeitigen Entwicklung an zwei Stellen. Die wirtschaftlichen Potenziale von wandlungsfähigen Produktionssystemen müssen international besser kommuniziert und genutzt werden. Und das vorhandene, weltweite Potential an den benötigten Spezialisten muss erschlossen werden.

So lässt sich der Weg der prozessmodularen Anlagentechnik konsequent weiter verfolgen bis hin zur wandelbaren Produktionsanlage.

4.2.2 Fallbeispiel Sennheiser – Wandlungsfähigkeit – ein Hebel zur Wertschöpfungsmaximierung von Produktionsunternehmen

Axel Schmidt, Sennheiser electronic GmbH & Co. KG

Die zentrale Herausforderung für die Produktion liegt heute mehr denn je darin, sich schnell auf verändernde Rahmenbedingungen einzustellen. Globalisierung und Individualisierung sind die dominierenden Trends, die das Handeln der Unternehmen maßgeblich bestimmen. Der Einfluss aufstrebender Industrien wie die der BRIC-Staaten (Brasilien, Russland, Indien, China) wächst und damit wachsen auch die Bedürfnisse der Menschen in diesen Ländern. Der Erfolg eines Unternehmens wird daher zukünftig stark davon abhängen, ob es gelingt, diese neuen Märkte mit immer Produkten effizient zu versorgen. Dabei stehen die etablierten Industrienationen im Wettbewerb mit Ländern, deren gesetzliche Rahmenbedingungen deutlich weiter gefasst sind und deren Faktorpreise oft um eine Größenordnung niedriger liegen.

Der Trend zur Individualisierung verlangt von der Industrie, sich auf eine zunehmende Differenzierung der Nachfrage einzustellen, d.h. zum einen größere Mengen herzustellen, diese aber gleichzeitig in deutlich mehr Varianten. Anders als zu Beginn der Massenproduktion, als Henry Ford sagte, sein T-Modell erhielten Kunden in jeder Farbe, solange sie schwarz sei, kann man heute Produkte über Konfiguratoren im Internet maßgeschneidert zusammenstellen. Weiterführende Ansätze sollen Eingriffe bis in die Fertigung hinein erlauben.

Neben der Individualisierung hat auch der zweite wichtige Trend, die Globalisierung, einschneidende Auswirkungen auf die Produktionsbedingungen. Nach Studien der Weltbank wächst der Welthandel seit Jahren stärker als die weltweite Wirtschaftsleistung. Seit 1986 erhebt die ETH Zürich einen weltweiten Globalisierungsindex (KOF Globalisierungsindex, vgl.Abbildung 29 und Abbildung 30).

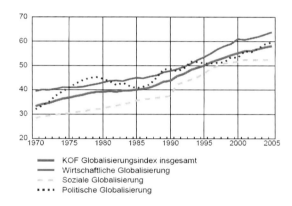

Abbildung 29: Entwicklung der weltweiten Globalisierung (ETH, 2008)

Der KOF Globalisierungsindex misst die wirtschaftliche, soziale und politische Dimension der Globalisierung. Die wirtschaftliche Dimension erfasst neben den realen Handels- und Investitionsströmen auch das Protektionsverhalten von Ländern über Handels- und Kapitalverkehrskontrollen. Die soziale Dimension der Globalisierung zeigt den Verbreitungsgrad von Ideen und Informationen. Die politische Globalisierung spiegelt die Stärke der politischen Zusammenarbeit zwischen den Staaten wider. Auffällig ist, dass der Globalisierungsindex insgesamt seit Jahren stetig steigt, bezogen auf Regionen jedoch unterschiedlich stark. Während für Westeuropa und die industrialisierten Ländern der Kurvenverlauf stagniert, zeigt der Trend für Osteuropa und Zentralasien weiter stark nach oben. Diese Länder werden in den nächsten Jahren verstärkt Marktanteile am Weltmarkt beanspruchen und damit den Wettbewerb weiter verschärfen. Besondere Herausforderungen hält auch die soziale Globalisierung für die Unternehmen bereit, je internationaler und komplexer die Co-Laboration zwischen Unternehmensstandorten wird, umso höher sind die Anforderungen an die Qualifikation der Arbeitskräfte.

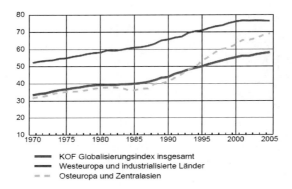

Abbildung 30: Entwicklung der Globalisierung nach Regionen (ETH, 2008)

Entwicklung eines Produktes an einem Ende der Welt, Produktion am anderen ist heute Standard. Die internationale Arbeitsteilung wird weiter an Komplexität gewinnen. Statt regional zu bündeln, verteilen Unternehmen ihre Standorte für Forschung, Entwicklung, Produktion und Dienstleistungen weltweit – je nach Kundennähe, Kostenersparnis und Synergien. Dabei helfen innovative Technologien große Distanzen zu überbrücken. Eine solche Strategie stellt spezielle Anforderungen an die Flexibilität und Wandlungsfähigkeit von Produktionssystemen.

Ziel muss es insgesamt sein, Produktionssysteme bereitzustellen, die es erlauben, kundenspezifische, industriell gefertigte Produkte in kürzester Zeit bei gleichzeitig hoher Wertschöpfung in den Markt zu bringen. Wegen der hohen Dynamik müssen sie rasch wechselnden Anforderungen genügen, sowohl was den Produktionsumfang als auch den Einsatzort angeht. Damit ist Wandlungsfähigkeit von Produktionssystemen im Wesentlichen auf fünf Ebenen erforderlich:

- Fabriken
- Produktionsmittel
- Produkte und Prozesse

Wandlungsfähige Produktionssysteme

- Informations- / Kommunikationssysteme
- Mensch

Diese Ebenen sollen im Folgenden näher betrachtet werden.

4.2.2.1 Fabriken

Produziert eine Fabrik heute ausschließlich einzelne Komponenten, so fordert der Markt morgen vielleicht schon komplexe kundenspezifische Systeme. Der Trend zum Systemlieferanten verlangt gut überlegte Strategien für die Geschäftsfelderschließung, wozu auch die Wandlungsfähigkeit der für die Produktherstellung erforderlichen Fertigungseinrichtungen gehört.

Um den Herausforderungen einer Massenproduktion bei gleichzeitiger Nachfragedifferenzierung gerecht werden zu können, muss die gesamte Produktion atmen können. Dies verlangt neben einer entsprechenden Infrastruktur auch gesetzliche und betriebliche Rahmenbedingungen, die einen entsprechenden Handlungsspielraum eröffnen. Produktionsfaktoren stehen heute mehr denn je im internationalen Wettbewerb sowohl unternehmensintern als auch über Unternehmensgrenzen hinaus.

Sennheiser bekennt sich zum Standort Deutschland und unterstreicht dieses mit der Errichtung eines neuen zweistöckigen Produktionsgebäudes (vgl.Abbildung 31) am Zentralsitz des Unternehmens in der Wedemark bei Hannover, welches den derzeitigen Stand der Technik auf dem Gebiet der Fabrikplanung repräsentiert. Um möglichst viele Freiheitsgrade für die aktuelle und zukünftige Nutzung des Gebäudes zu eröffnen, wurde die Gebäudearchitektur nach den Kriterien einer hohen Wandlungsfähigkeit entwickelt.

Dazu wurden umfangreiche Untersuchungen und Überlegungen zur Integration des neuen Produktionsgebäudes in einen zukunftsweisenden Masterplan getätigt. Verbunden damit waren weitere Fragestellungen, wie z.B. die Skalierbarkeit des Gebäudes und der damit verbundenen technischen Gebäudeausstattung, des zukünftigen Material- und Kommunikationsflusses, der Logistikanbindung sowie der IT-Infrastruktur. So erlaubt eine großzügig gewählte Hallenspannweite und eine einheitlich gestaltete Gebäudestruktur über alle Geschossebenen eine einfache Umstellung des Produktionslayouts. In jedes Stockwerk integrierte Galerien zur Ansiedlung der produktionsunterstützenden Funktionen bieten kurze Kommunikationswege von und zu den verschiedenen Produktionseinheiten. Eine sinnvolle Rasterung der Produktionsflächen erleichtert die verbrauchsnahe Bereitstellung notwendiger Medien an den Produktionsplätzen ebenso, wie ein enges Fassadenraster die Skalierbarkeit der Büroflächen. Transparente Wandelemente in Bereichen, in denen eine räumliche Trennung aus technischer oder organisatorischer Sicht erforderlich ist, vereinfachen die Kommunikation.

Abbildung 31: Wandlungsfähiges Produktionsgebäude im Schnitt, Entwurf Reichardt Architekten, Essen

4.2.2.2 Produktionsmittel

Der Automatisierungsgrad war schon immer ein wesentlicher Stellhebel, um eventuelle Standortnachteile auszugleichen oder Vorteile daraus zu generieren. Produkte, die heute noch manuell oder teilautomatisiert montiert werden, müssen eventuell morgen vollautomatisiert laufen. Produktionslinien, die heute ein bestimmtes Modell fertigen, sollen morgen verschiedene Modellvarianten herstellen. Dies verlangt entweder hochflexible oder hochgradig wandlungsfähige Montageeinheiten.

Worin unterscheiden sich nun Flexibilität und Wandlungsfähigkeit? Flexibilität beschreibt ein vorgehaltenes Spektrum begrenzt skalierbarer Lösungen in einem System und erlaubt damit sehr kurze Reaktionszeiten. Nachteilig ist die damit vorweggenommene Kapitalbindung. Wandlungsfähigkeit hat demgegenüber eine mehr strategische Zielrichtung und beschreibt einen prognostizierten, skalierbaren Lösungsraum, der erst bei Bedarf realisiert wird. Damit einhergehend sind eher mittelfristige Reaktionszeiten. Anlagevermögen wird aber erst im Bedarfsfall gebunden. Allerdings sind Mehrkosten zur Sicherstellung der Wandlungsfähigkeit zu erwarten. Beide Stellhebel haben ihre Berechtigung.

Wandlungsfähige Produktionssysteme

Eine kurzfristige Bereitstellung von zunehmend komplexeren Bauteilen für die Produktentwicklung oder für nachgelagerte Produktionsprozesse zu niedrigeren Kosten erfordert hochflexible Maschinen und Anlagen. Produktionsmittel sind in aller Regel teure Investitionsgüter. Im Zuge der Wertschöpfungsmaximierung gewinnt damit auch die Verlagerung von Betriebsmitteln und Fertigungsanlagen zwischen einzelnen Standorten an Bedeutung, um dauerhaft deren Wirtschaftlichkeit zu sichern. Damit werden übergreifende Standards, Plattformen und integrierte Lösungen wichtiger denn je und das Wissen, wie verschiedene Module zu einer stimmigen Gesamtlösung vereint werden können, entwickelt sich zu einem entscheidenden Wettbewerbsfaktor. Der einfachen und schnellen Vernetzung von Produktionseinrichtungen kommt dabei eine Schlüsselrolle zu.

Schaut man zurück, so waren früher Produktionseinheiten im Rahmen einer Baugruppenmontage als monolithische Zelle aufgebaut, die einen hohen Integrationsgrad unterschiedlicher Fertigungsprozesse aufwies (vgl.Abbildung 32). Die einzelnen Fertigungsprozesse wurden auf zentralen Rundtakttischen mit fixen Werkstückträgern ausgeführt. Zwar ermöglichte dieser Ansatz eine kompakte Bauform, jedoch war die Konstruktion eher auf Flexibilität ausgerichtet denn auf Wandlungsfähigkeit. Die Bauform erforderte ein Vorhalten sämtlicher Einrichtungen, die zur Montage des kompletten Produktspektrums, welches für die Anlage vorgesehen ist, erforderlich sind. Erweiterungen waren hier nur bedingt und wenn nur mit enormen Aufwand möglich.

Abbildung 32: Montageeinheit mit hohem Integrationsgrad

Die heutige Ausführung einer derartigen Montageeinheit besteht aus einzelnen, in Reihe geschalteten, standardisierten Fertigungszellen mit austauschbaren Prozessmodulen (vgl.Abbildung 34). Die Prozessverknüpfung erfolgt über Transportbänder, welche die mobilen Werkstückträger den jeweiligen Prozessstationen zuführen. Die hierarchisch vernetzte Prozesssteuerung erlaubt darüber hinaus eine individuelle Ansteuerung der jeweiligen Prozessschritte. Das Prinzip der Wandlungsfähigkeit findet hier durch einfach austausch- bzw. erweiterbare Prozesseinheiten Anwendung, die gleichzeitig kürzere Taktzeiten ermöglichen. Basis für eine solche Lösung sind durchdachte Schnittstellen sowie Standards und Plattformkonzepte.

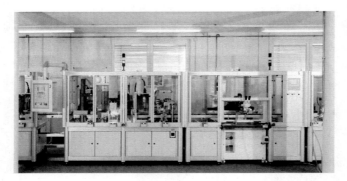

Abbildung 33: Montageeinheit mit variablen Prozessmodulen der Firma XENON Automatisierungstechnik GmbH

Für die Zukunft sind frei programmierbare Montageeinheiten zu erwarten, die aus standardisierten Fertigungszellen mit frei programmierbaren Prozessmodulen bestehen (vgl.Abbildung 34). Hierbei erfolgt die Prozesszuführung über frei programmierbare Handling / Transportsysteme sowie mobile Werkstückträger mit lokaler Datenspeicherung. Eine derartige Lösung bietet maximale Wandlungsfähigkeit und erlaubt damit, rasch auf die Anforderungen des Marktes hinsichtlich einer zunehmenden Variantenfertigung zu reagieren.

Wandlungsfähige Produktionssysteme

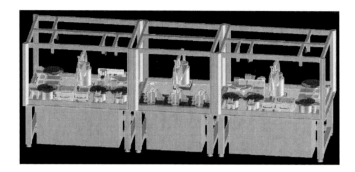

Abbildung 34: Frei programmierbare Montageeinheiten zur Herstellung von Miniaturbaugruppen, eine Studie der Firmen XENON Automatisierungstechnik GmbH und Sennheiser electronic GmbH

Ein ähnliches Bild wie bei der Baugruppenmontage zeigt sich auch im Bereich der Leiterplattenbestückung. Die früheren Bestückmaschinen waren prinzipiell auf Massenfertigung ausgelegt. Die Bandbreite der zu verarbeitenden Bauteile war, im Gegensatz zu heute, wo ein starkes Wachstum des Bauteilespektrums auf den Leiterplatten zu verzeichnen ist, überschaubar. In der Fertigung wurden massive Maschinen mit hohem Rüstaufwand und geringer Fertigungsbandbreite eingesetzt (vgl. Abbildung 35). Derartige Maschinen sind für die heutige Elektronikfertigung nicht mehr wirtschaftlich, da die Fertigung großer Stückzahlen am Standort Deutschland immer weiter abnimmt. Es geht vielmehr darum, Produktanläufe mit kleinen Stückzahlen und vielen Varianten möglichst schnell zu realisieren, um im nächsten Schritt das Produkt an einem aus Unternehmenssicht sinnvollen Standort in Serie zu fertigen.

Abbildung 35: SMD Fertigung gestern

Passend dazu müssen die Bestücklinien in der Leiterplattenfertigung konfektioniert sein. Gefragt sind heute Maschinen, die modular aneinander gereiht werden und damit eine einfache Kapazitätserweiterungen oder auch -reduzierung sowie hohe Mobilität ermöglichen. Sie müssen ein möglichst breites Bauteilespektrum verarbeiten können, hohe Bestückleistung und kurze Rüstzeiten aufweisen sowie über eine variable Bestücktechnik verfügen (vgl.Abbildung 36).

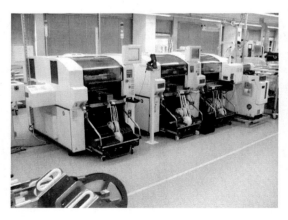

Abbildung 36: SMD Fertigung heute

Dieser Trend setzt sich auch im Bereich der mechanischen Fertigung fort. Hier geht es um die wirtschaftliche Realisierung komplexer Bauteile mit hoher Fertigungstiefe bei kleinen und kleinsten Losgrößen. Wurden früher für die Erstellung eines solchen Bauteils noch zwei bis drei verschiedene Maschinen benötigt, so wird dieses heute auf einer einzigen Maschine mit mehreren Fertigungsverfahren in einer Aufspannung ermöglicht. Im Bereich der Werkzeugmaschinen überwiegt immer noch Flexibilität. Dieses liegt jedoch in der Natur der Sache, gefragt sind hier überwiegend kürzeste Reaktionszeiten bei Variantenwechsel. Mehr-Achsen-Bearbeitungszentren fertigen hoch komplexe Baugruppen mit zunehmender Genauigkeit in immer kürzerer Zeit. Obiges Beispiel verdeutlicht, dass beide Prinzipien Flexibilität und Wandlungsfähigkeit ihre Berechtigung haben. Flexibilität steht dann im Vordergrund, wenn es um kürzeste Reaktionszeiten geht und Wandlungsfähigkeit dann, wenn es um das Vorhalten strategischer Optionen bezüglich neuer Produkte, Verfahren und Mengenskalierbarkeit geht.

4.2.2.3 Produkte und Prozesse

Produktionssysteme werden nicht allein durch Fabriken und Maschinen bestimmt, eine weitere bedeutende Rolle spielen die Fertigungs- und Geschäftsprozesse innerhalb eines Unternehmens. Fertigungsprozesse sind stark am Produkt und den Kundenbedürfnissen ausgerichtet und bestimmen damit den Aufbau und den Einsatz der zur Produktherstellung erforderlichen Produktionsmittel und -anlagen. Die generelle Zielsetzung, die Kunden pünktlich mit ihren Wunschartikeln zu versorgen und gleichzeitig Durchlaufzeiten und Bestände zu reduzieren, steht weiterhin im Fokus.

Dies bedingt, dass Produktions- und Geschäftsprozesse sich primär an den Marktbedürfnissen orientieren und sich rasch an Veränderungen adaptieren lassen. Es stellt sich also auch hier die Frage nach einer effizienten Skalierbarkeit von Prozessabläufen und deren Interaktionen auf technischer und organisatorischer Ebene. Dabei spielt der Komplexitätsgrad eine entscheidende Rolle, denn je komplexer Prozessstrukturen sind, umso weniger wandlungsfähig sind sie. Die Kunst besteht also darin, Prozesse hinreichend zu vereinfachen und sie damit auf eine Abstraktionsebene zu heben, die modulare, standardisierte Ansätze erlaubt. Damit werden fachbereichsübergreifende Lösungsansätze möglich, die neue Impulse generieren; wie z.B. der Einsatz von satellitengestützten Ortungs- und Leitsystemen im Bereich der Logistik zur kontinuierlichen Überwachung und Verfolgung von Warentransporten. Diese Technik gewährleistet, dass Vor- und Endprodukte noch schneller und sicherer ihr Ziel erreichen.

Fertigungsprozesse folgen in der Regel dem Produktdesign und ein wesentliches Potenzial für die Wandlungsfähigkeit von Prozessen wird damit bereits in der Produktentwicklung festgelegt. Je einfacher Produkte aufgebaut sind und je mehr sie sich an Standards orientieren, umso einfacher ist es, wandlungsfähige Prozesse zu gestalten. Lean-Methoden und Prinzipien können hierbei eine wertvolle Unterstützung sein, um Komplexität beherrschbar zu machen und die Basis für Wandlungsfähigkeit und Effizienzsteigerungen zu generieren. Abbildung 37 zeigt hierzu einen Ansatz, der bei Sennheiser unter dem Begriff Lean Transformation entwickelt wird.

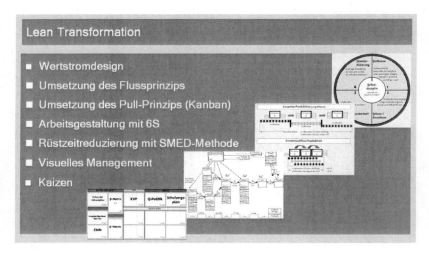

Abbildung 37: Elemente der Lean Transformation

4.2.2.4 Informations- und Kommunikationssysteme

Die Leistungsfähigkeit heutiger Produktionssysteme wird maßgeblich durch die Informations- und Kommunikationstechnik geprägt. Produkt- und Fertigungsdaten werden in allen Phasen des Produktlebenszyklus zwischen unterschiedlichen Informationssystemen ausgetauscht. Das Digital Engineering strebt eine durchgängige Vernetzung aller Stufen der Wertschöpfungskette an, von der Produktsimulation und der virtuellen Abbildung ganzer Fertigungslinien über die digitale

Steuerung und Echtzeitkontrolle der Anlagen bis hin zum Training der Anwender und Endnutzer am Rechner. Glaubt man den einschlägigen Studien, so verringern sich durch den Einsatz moderner Simulationstechniken die Kosten einer Markteinführung um 30 bis 50 Prozent. Damit ist die Informations- und Kommunikationstechnik in einem Unternehmen ein signifikanter Stellhebel für die Wertschöpfungssteigerung.

Was bedeutet dieses aber im Bezug auf Wandlungsfähigkeit? Rechennetzwerke bilden das Rückgrat der Informationsverarbeitung in einem Unternehmen und sind mit umfangreichen Einführungs- und Wartungsinvestitionen verbunden. Hat sich ein Unternehmen erst einmal für eine IT-Strategie entschieden und basierend darauf eine IT-Architektur und Infrastruktur implementiert, so hat diese in aller Regel über einen sehr langen Zeitraum Bestand und bestimmt damit die Leistungsfähigkeit der Informationsverarbeitung. Wandlungsfähige Systemarchitekturen können hier einen großen Beitrag liefern, um Unternehmen für zukünftige Entwicklungen vorzubereiten und deren Leistungsfähigkeit dauerhaft sicherzustellen.

Prinzipiell gilt hier das Gleiche wie für die bereits diskutierten Bereiche Fabrik, Produktionsmittel und Prozesse. Übergreifende Standards, Plattformen und integrierte Lösungen - das Wissen, wie verschiedene Module zu einer stimmigen Gesamtlösung vereint werden können - sind die Voraussetzung für die Wandlungsfähigkeit der IT. Ähnlich wie bei der Fabrikplanung erfordert auch die Planung der IT-Infrastruktur eines Unternehmens einen Masterplan, der die zukünftige Unternehmensentwicklung abbildet und dabei die Interessen aller Stakeholder berücksichtigt.

Mit den Themen Product Lifecycle Management und Supply Chain Management wurden die Grenzen der Anwendersysteme deutlich erweitert. Selbständig untereinander kommunizierende Produktionseinheiten und Systeme werden zukünftig die Produktion und die Lieferketten steuern. Zukünftig werden Unternehmen für den Kunden immer transparenter, ähnlich wie heute Warenlieferungen über das Internet detailliert lokalisiert werden können, wird der Kunde zukünftig seine Bestellung online bis in die Produktion verfolgen können. Fertigungsprozesse werden über selbständig kommunizierende Produktionseinheiten vom der Auftragseingang bis zur Kundenauslieferung weitestgehend automatisiert ablaufen (vgl.Abbildung 38). Damit wird die heute noch dominierende Abgrenzung zwischen logistischen und technischen Anwendersystemen überwunden. Allerdings ergeben sich dadurch immer komplexere Schnittstellenbeziehungen sowie zu prognostizierende Anforderungen, die es im Zuge einer wandlungsfähigen IT zu beherrschen gilt.

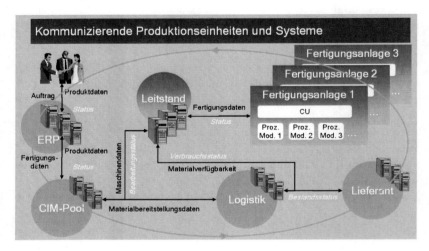

Abbildung 38: Kommunizierende Produktionseinheiten und Systeme

4.2.2.5 Mensch

Im unmittelbaren Zusammenhang mit der Wandlungsfähigkeit der Produktionsstätten ist auch die Wandlungsfähigkeit des Menschen als Arbeitskraft und dessen soziales Umfeldes in Bezug auf sich ändernde Anforderungen zu sehen. Waren Arbeitskräfte früher im Wesentlichen Befehlsempfänger, so sind sie heute häufig in sog. teilautonomen Arbeitsgruppen organisiert, die sich im Rahmen vorgegebener Ziele selbständig steuern und über den dazu notwendigen Entscheidungsrahmen verfügen. Dieser Trend wird sich weiter fortsetzen. In direktem Zusammenhang damit wachsen die Anforderungen an die fachliche und soziale Kompetenz der Mitarbeiter. Dem muss der Betrieb im Rahmen von Schulungs- und Ausbildungsprogrammen gerecht werden. Ziel muss es sein, die Mitarbeiter auf dem Weg des Wandels mitzunehmen, Akzeptanz zu erreichen und eine schnelle Adaption der Fähigkeiten zu ermöglichen.

Menschen lassen sich nicht auf Knopfdruck umstellen, es bedarf hierzu eines systematischen Change Managements. Das bedeutet, neben entsprechenden Organisations-, Arbeitsplatz-, Arbeitszeit- und Entlohnungsmodellen auch das Rollenverständnis der Mitarbeiter zu schärfen. Neues Wissen muss in kürzester Zeit aufgenommen und umgesetzt werden. Dafür werden alternative Lernmethoden und -plattformen, wie z. B. das e-learning sowie ein geeignetes Wissens- und Informationsmanagement benötigt.

4.2.2.6 Fazit

Die industrielle Produktion hat sich weitgehend von den Prinzipien der Fertigung Anfang des 20. Jahrhunderts entfernt: Am klassischen Fließband ging es gerade darum, Einheitsware – und dieses in möglichst großen Stückzahlen – zu produzieren, um die Abläufe zu standardisieren. Als Faustregel galt: je einfacher das Produkt und je größer die Menge, desto billiger lässt es sich herstellen. Gewiss, die Regeln der Economies of Scale gelten in vielen Sektoren auch heute noch. Aber die neuen technischen Möglichkeiten sind enorm, wenn virtuelle und reale Welten zusammenwachsen.

Variabilität und Flexibilität waren und sind nach wie vor die Stärken des Mittelstandes. Auf Dauer werden diese Eigenschaften jedoch nicht ausreichen. Flexibilität erfordert zum Teil hohe Investitionen und das Kapital dafür wird im Zuge der oben dargestellten Szenarien knapper. Damit kommt mit der Wandlungsfähigkeit ein weiterer wichtiger Faktor hinzu, der den dauerhaften wirtschaftlichen Erfolg eines Unternehmens maßgeblich beeinflussen wird. Dabei gilt es, sich im Vorfeld ein genaues Bild davon zu machen, wie viel Wandlungsfähigkeit, auf welchen der genannten Ebenen wirklich benötigt wird. Wandlungsfähigkeit ohne Flexibilität ist kaum realisierbar und damit ist Wandlungsfähigkeit auch nicht zum Nulltarif zu haben. Um jedoch ein sinnvolles Verhältnis von Aufwand und Nutzen sicherzustellen, ist es umso wichtiger, diese Thematik methodisch fundiert und systematisch anzugehen.

4.2.3 Fallbeispiel BMW – Wandlungsfähigkeit – Mehr als Flexibilität aus Sicht eines OEMs

Peter Weber, BMW Group

4.2.3.1 Von der Flexibilität zur Wandlungsfähigkeit

„Kontinuierlich Mehrwert für unsere Stakeholder generieren." Um dieses Ziel zu erreichen, müssen Unternehmen jedes Jahr profitables Wachstum erzielen sowie eine überdurchschnittliche Rendite erwirtschaften. Das Unternehmensumfeld in der Automobilindustrie ist diesbezüglich durch eine zunehmende Dynamik und Komplexität geprägt. So verkürzen sich die Zyklen beziehungsweise steigen die Ausmaße der Veränderungen zum Beispiel bei Marktentwicklungen, Kundenverhalten, gesetzlichen Rahmenbedingungen, technologischen Innovationen, Rohstoffpreisen und Wechselkursen. Die resultierende Unsicherheit führt bei produzierenden Unternehmen zu einer elementaren Aufgabenstellung: Wie können nachhaltig wettbewerbsfähige Wertschöpfungsstrukturen in der Produktion etabliert werden?

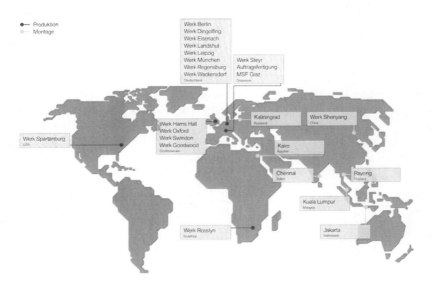

Abbildung 39: Das aktuelle Produktionsnetzwerk der BMW Group

Wandlungsfähige Produktionssysteme

Das Produktionsnetzwerk der BMW Group umfasst aktuell 23 Produktions- und Montagestandorte in 12 Ländern (Abbildung 39). Der Leitsatz „Die Produktion folgt dem Markt" ist für die BMW Group als wachstumsorientiertes, international agierendes Unternehmen von entscheidender Bedeutung.

Die Formel „Flexibilität = Auslastung = Profitabilität" offenbart, dass Flexibilität in globalen Produktionsnetzwerken der Automobilindustrie heute als ein Erfolgsfaktor für die wirtschaftliche Fertigung und Montage gesehen wird. Flexibilität ist in diesem Zusammenhang die Fähigkeit eines etablierten Systems, sich selber innerhalb eines definierten Bereiches an Veränderungen anzupassen, zum Beispiel, auf veränderte Stückzahlanforderungen des Marktes im Rahmen vereinbarter Kapazitätsbandbreiten zu reagieren.

Die folgenden Beispiele sollen die verschiedenen Möglichkeiten des Produktionsnetzwerkes der BMW Group verdeutlichen, sich an Veränderungen anzupassen:

Durch die intelligente Zuordnung von Welt- und Ausgleichsmodellen sind die einzelnen Produktionsstandorte gemeinsam in der Lage, flexibel auf Marktanforderungen zu reagieren und bei Nachfrageschwankungen einzelner Modelle eine möglichst hohe Auslastung zu realisieren (Abbildung 40).

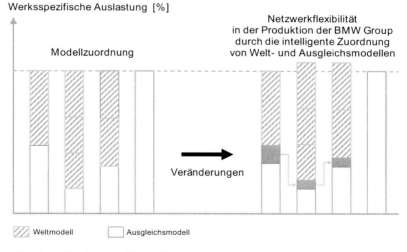

Abbildung 40: Netzwerkflexibilität

Hinsichtlich der Kapazitätsbandbreiten in den Produktionsstandorten sind die Maschinenlaufzeiten von den individuellen Arbeitszeiten der Mitarbeiter durch eine Vielzahl innovativer Arbeitszeitmodelle entkoppelt, so dass die Betriebszeit je nach Bedarf remanenzfrei und reversibel durch modulare Kapazitätsbausteine variiert werden kann.

In der Montage können auf Basis eines so genannten variantenneutralen Hauptbandes unterschiedliche Fahrzeugderivate über ein und dasselbe Band laufen. Starke Schwankungen der Montagezeit bei unterschiedlichen Fahrzeugvarianten führen in der Regel zu niedrigeren Auslastungen im Hauptband. Die Zusammenfassung von komplexen Einzelumfängen zu Modulen und deren Verlagerung in die Vormontage ermöglicht es, dass im Hauptband möglichst nur noch diejenigen Montageumfänge ausgeführt werden, die alle Fahrzeugvarianten gemeinsam haben. Im Werk Leipzig ist das Konzept des variantenneutralen Hauptbandes intelligent in der Struktur umgesetzt worden. Die Montageanlagen sind dort in einer so genannten Fingerstruktur angeordnet: Im Hauptband stehen investitionsintensive beziehungsweise automatisierte Stationen an Fixpunkten, von denen die Montagelinie in einzelne Finger abzweigt. Sind aufgrund veränderter Arbeitsinhalte zusätzliche Arbeitsschritte erforderlich, wird ein Finger um die entsprechenden Stationen verlängert, ohne jedoch bestehende Fixpunkte zu verändern (Abbildung 41).

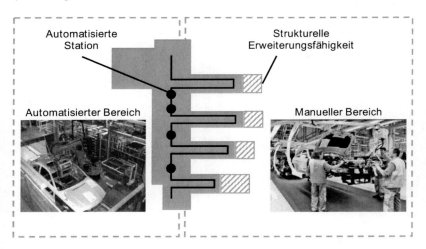

Abbildung 41: Variantenneutrales Hauptband

Wandlungsfähige Produktionssysteme

Die hohe Flexibilität sowie die damit einhergehende hohe Kapazitätsauslastung zählen aus Analystensicht bereits heute zu den zentralen Kernmerkmalen des Produktionsnetzwerkes der BMW Group. Der Vorhalt von Flexibilität bindet jedoch zumeist Ressourcen und damit Investitionen in der Produktion, so dass eine wesentliche wettbewerbsdifferenzierende Kompetenz in globalen Produktionsnetzwerken der Automobilindustrie zukünftig darin zu sehen ist, das richtige „Maß" an Flexibilität sowie die richtige „Balance" zwischen Flexibilität und Wandlungsfähigkeit zu identifizieren.

4.2.3.2 Wandlungsfähigkeit im Produktionsnetzwerk

Wandlungsfähigkeit beschreibt die Fähigkeit, ein etabliertes System schnell und nachhaltig strukturell zu verändern (Abbildung 42). Im Folgenden werden entscheidende Erfolgsfaktoren für die Wandlungsfähigkeit in globalen Produktionsnetzwerken beschrieben:

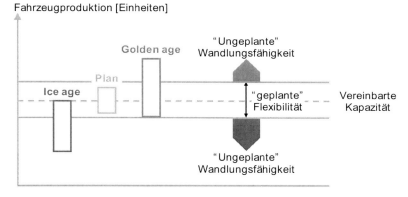

Abbildung 42: Die Balance zwischen Flexibilität und Wandlungsfähigkeit

„Wandlungserfordernisse identifizieren und analysieren": Im Umfeld des Unternehmens sind die „schwachen Signale" zu identifizieren, die einen signifikanten Einfluss auf das Produktionsnetzwerk haben werden. Das Denken und Arbeiten in Szenarien, zum Beispiel in „ice-age"- und „golden-age"-Szenarien, ist diesbezüglich ein wirkungsvoller Ansatz, um die Auswirkungen dieser Einflüsse auf die Produktion zu analysieren und Wandlungserfordernisse klar fokussieren zu können.

Öffentlicher Diskurs

„**Schlüsseltechnologien managen**": Die Grundlagen für Wandlungsfähigkeit in der Produktion sind in den entsprechenden Strukturen, Prozessen und Technologien zu realisieren. Diesbezüglich ist ein integriertes und durchgängiges Innovationsmanagement eine notwendige Bedingung: Ausgehend von einer strategischen Orientierung für die Forschung und Vorentwicklung über eine klare Priorisierung der Ideen bis zur konsequenten Umsetzung sind die Schlüsseltechnologien neu zu entwickeln beziehungsweise weiterzuentwickeln, die nachhaltig Wettbewerbsvorteile bieten.

„**Schlanke Individualisierung**": Wandlungsfähigkeit bedeutet auch, die mit der Produktindividualisierung theoretisch einhergehende Komplexität in der Praxis durch Produkt- und Prozesskommunalitäten wirtschaftlich zu beherrschen.

„**Marktorientierter Produktionsanlauf**": In den letzten Jahren ist der Fokus in der Anlaufphase auf Schnelligkeit gelegt worden, um innerhalb kürzester Zeit auf „Kammlinie hochzufahren". Im Sinne der Wandlungsfähigkeit ist neben der Schnelligkeit insbesondere auch eine Skalierbarkeit in der Hochlaufphase zu realisieren: Abhängig von den Kunden- und Marktanforderungen soll die Produktion steiler oder flacher hochgefahren werden.

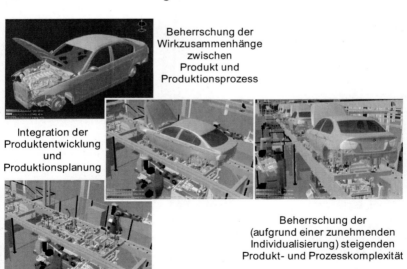

Abbildung 43: Digitale Fabrik

Wandlungsfähige Produktionssysteme

„**Schnelle Veränderung**": Wandlungsfähigkeit erfordert die frühzeitige Untersuchung von Handlungsalternativen, um bei Bedarf schnell in die Umsetzung gehen zu können. Hardware-Prototypen stoßen bei dieser Anforderung häufig an ihre Grenzen, so dass eine virtuelle Abbildung unverzichtbar ist. Die Digitale Fabrik unterstützt und integriert hierbei die Prozesse der Produktentwicklung und Produktionsplanung, um die steigende Produkt- und Prozesskomplexität beherrschen zu können.

Ausgehend von diesen Erfolgsfaktoren leitet sich die Kernfrage für Forschung und Industrie hinsichtlich wandlungsfähiger Produktionssysteme ab: Welche Gestaltungselemente beziehungsweise welche Kombination der Gestaltungselemente bieten die richtige Balance zwischen Flexibilität und Wandlungsfähigkeit?

4.2.3.3 Herausforderungen für Forschung und Industrie

Diese Frage kann nur beantwortet werden, wenn Produktionssysteme ganzheitlich betrachtet und gestaltet werden, d.h. als Zusammenspiel von Mensch, Technik und Organisation. Diesbezüglich sind die folgenden Handlungsfelder zu adressieren:

Mensch

- Veränderung als Chance verstehen
- Mitarbeiter in einem turbulenten Umfeld führen
- Flexibilität und Mobilität der Mitarbeiter fördern
- Auf Basis unsicherer Informationen („in Bandbreiten") planen

Technik

Produktionsanlagen modularisieren und Schnittstellen standardisieren, um die richtige „Balance" zwischen Produktivität, Wandlungsfähigkeit und Investition anforderungsgerecht konfigurieren zu können

Organisation

- Wandlungsfähigkeit qualitativ und quantitativ bewerten
- Wertschöpfungsnetzwerke (Partner und Lieferanten) gestalten

- Lebenszyklen von Produkten, Produktionsstrukturen und -technologien synchronisieren

4.2.4 Fallbeispiel EMAG – Wandlungsfähige Produktionssysteme aus der Sicht eines Anlagenbauers

Norbert Heßbrüggen, EMAG Holding GmbH

4.2.4.1 Vorstellung der EMAG-Gruppe

Die EMAG-Gruppe ist ein traditionsreicher Werkzeugmaschinenhersteller mit Sitz in Salach / Baden-Württemberg. Die Firmengruppe beschäftigt weltweit rund 1900 Mitarbeiter, wächst im In- und Ausland und zählt zu den europa- und weltweit führenden Werkzeugmaschinenbauern. EMAG ist spezialisiert auf Zerspanungstechnologien und bietet vertikale Drehzentren, mehrspindlige Bearbeitungszentren und multifunktionale Produktionsmaschinen an. Der Anspruch ist, die besten Fertigungssysteme für die Bearbeitung präziser Metallteile zu liefern und die jeweils neuesten Technologien im Drehen, Bohren, Fräsen, Schleifen, Verzahnen, Laserschweißen und Wuchten aus einer Hand anzubieten. Dazu bietet EMAG eine große Palette von standardisierten Maschinen bis hin zu maßgeschneiderten Fertigungssystemen und Prozessketten (Abbildung 44) an, die durch Verfahrensintegration und Kombinationsbearbeitung die präzise, prozesssichere und kostengünstige Fertigung in Mittel- bis Großserien gestatten.

Mit seinen Kunden aus der Automobilindustrie und vermehrt aus dem None-Automotive-Sektor ist es der EMAG-Gruppe zuletzt gelungen, ihren Umsatz um 17% auf rund 480 Millionen Euro zu steigern. Um diese Erfolge auszubauen, setzt die EMAG-Gruppe auf Forschung und Innovation, ständige Aus- und Weiterbildung von Mitarbeitern und ein langfristig denkendes Management.

Wandlungsfähige Produktionssysteme

Abbildung 44: Lieferant kompletter Prozessketten

4.2.4.2 Moderne Wertschöpfungsketten als Treiber für Wandlungsfähigkeit

Die Herausforderungen, vor denen das produzierende Gewerbe angesichts turbulenter Märkte und einer sich rasch verändernden gesamtwirtschaftlichen Situation stehen, sind zahlreich. Modellwechsel erfolgen schneller und die Typenvielfalt der Produkte nimmt zu. Gleichzeitig wird die Wertschöpfungskette immer stärker fragmentiert. Outsourcing führt in der Wertschöpfungskette für Fertigungsteile zur Austauschbarkeit der Lieferanten und generiert scharfen Wettbewerb. Statt zu investieren und selbst zu produzieren heißt die Losung immer häufiger, einen Anbieter zu suchen und die benötigte Leistung auszuhandeln. Das beginnt schon in sehr frühen Stufen der Wertschöpfungskette. So kaufen Automobilfabriken zum Beispiel keine Schmiede- oder Gussrohlinge mehr ein, sondern wünschen in Vorstufen bearbeitete Teile. Zugleich versuchen Schmieden und Gießereien, größere Teile der Wertschöpfungskette abzudecken und bieten die Bearbeitung von Rohteilen an. Außerdem laufen Vertragslaufzeiten und Lebenszyklen von Anlagen auseinander: Die Laufzeiten von Lieferverträgen sind heute wesentlich kürzer als die Nutzungszeiten von Produktionssystemen. Und es wird erwartet, dass Werkzeugmaschinen über ihren ganzen Lebenszyklus hinweg in ihrer Leistungsfähigkeit auf dem Stand der Technik zu halten sind und an die Anforderungen des Marktes angepasst werden können.

4.2.4.3 Stand der Technik bei wandlungsfähigen Werkzeugmaschinen

Auch in der Massenproduktion ist die elektronische Steuerung von Maschinen durch CNC-Technik (Computerized Numerical Control) inzwischen Standard. Transferstraßen wurden ersetzt durch agile Fertigungssysteme, die dank flexibler Maschinenprogrammierung die parallele Bearbeitung unterschiedlichster Werkstücke erlauben. Sondermaschinen wurden ersetzt durch integrierte Bearbeitungszentren (BAZ), automatische Dreh- und Schleifmaschinen durch vertikale Pick-up-Werkzeugmaschinen. Neue Komplettbearbeitungsmaschinen kommen dem Ideal der Wandlungsfähigkeit nahe, sind aber teuer. Dagegen sind neuere Werkzeugmaschinen für die Serienfertigung in ihrer Nutzung flexibler, jedoch noch nicht echt wandlungsfähig. Die gegenwärtige Entwicklung beim Werkzeugmaschinenbau lässt noch nicht klar erkennen, welche Grade von Wandlungsfähigkeit für welche Aufgaben ideal sind und wie viel diese Wandlungsfähigkeit kosten darf. Abbildung 45 zeigt eine sich selbst beladende vertikale Pick-up-Drehmaschine von EMAG, die umfangreiche kundenspezifische Automatisierungslösungen zulässt und zugleich durch klar definierte Schnittstellen leicht mit weiteren Bearbeitungsprozessen verkettbar ist. Die Qualitätsprüfung ist in den Gesamtprozess bereits integriert.

4.2.4.4 Wandlungsfähigkeit als Überlebensstrategie

Deutsche Werkzeugmaschinenbauer begrenzen häufig unnötig ihre Märkte, indem sie teure, maßgeschneiderte Sonderlösungen anbieten, die hochproduktiv, aber kaum wandlungsfähig sind. Die Aufgaben solcher hochproduktiver Sondermaschinen werden zunehmend wandlungsfähige Werkzeugmaschinen übernehmen. Durch ihre Wandlungsfähigkeit können solche Maschinen über den gesamten Lebenszyklus hindurch flexibel genutzt werden und entlasten dadurch bei künftigen Investitionen und schonen die Umwelt.

Wandlungsfähige Produktionssysteme

Abbildung 45: Eine Innovation als Antwort auf die Probleme dieser Zeit

Gemeinsam müssen Werkzeugmaschinenhersteller und ihre Kunden daran arbeiten, die jeweils richtige, den gegebenen Anforderungen entsprechende Gewichtung zwischen Produktivität, Wandlungsfähigkeit und Investitionskosten zu finden. Das Ziel dabei lautet: Notwendige Sonderlösungen werden aus austauschbaren Standardmodulen konfiguriert.

4.2.4.5 Forschungsbedarf aus unserer Sicht

Die geforderte Wandlungsfähigkeit im Werkzeugmaschinenbau hat derzeit noch viele "Weiße Flecken" und bedarf intensiver Erforschung.

- Ein wichtiges Forschungsziel ist die Standardisierung von Schnittstellen sowohl bei den Werkzeugmaschinen als auch bei den Gebäuden, Schnittstellen für Energie, Betriebsstoffe, Entsorgung. Benötigt werden mechatronische Schnittstellen an Werkzeugmaschinen und den einzelnen Bearbeitungsmodulen: Bohren, Drehen, Fräsen, Schleifen.

- Unterschiedliche Werkzeugmaschinen müssen durch universale, das heißt umschaltbare beziehungsweise umsteckbare Bedienpulte und Bedienoberflächen bedient werden können.

- Weitere Forschung über wandlungsfähige Spannmittel ist ebenso notwendig wie über wandlungsfähige Automation und Verkettung von Bearbeitungsprozessen.

- Und schließlich: Für den langfristigen Nutzen wandlungsfähiger Werkzeugmaschinen bedarf es einer anerkannten und zweifellosen Berechnungs- und Darstellungsmethode.

4.3 Ergebnisse der Workshops

Ziel der Workshops war ein Erfahrungsaustausch und Abgleich des im Projektverlauf identifizierten Forschungsbedarfs mit den Erfahrungen der industriellen Praxis. Gefragt wurde, ob die Forschungsthesen, den Fokus der Arbeit auf die Harmonisierung der Schnittstellen einerseits und andererseits auf die effizientere Verzahnung der Wertschöpfungskette im Netzwerk zu lenken, einer näheren Eingrenzung oder vielmehr einer Erweiterung bedürfe, ob sie detaillierter ausgeführt werden müsse oder insgesamt zu einer Umorientierung Anlass bestehe.

4.3.1 Workshop 1 - Wandlungsfähigkeit in der Produktion

Leitung: Prof. Dr.-Ing. Eberhart Abele

Der Einführungsvortrag skizzierte noch einmal die Ausgangssituation, die Problemstellung und den Forschungsbedarf. Eine kurze Erhebung unter den Teilnehmern fragte daraufhin Einschätzungen zur Veränderung der Produktlebenszyklen sowie der Produktvarianten ab, getrennt nach Vertretern von Investitionsgüterherstellern, Herstellern von Endverbraucher-Produkten und Vertretern wissenschaftlicher und politischer Institutionen. Die nachfolgende Diskussion sammelte Probleme, Lösungen und offene Fragen.

4.3.1.1 Ausgangssituation und Problemstellung

Da mit technisch anspruchsvollen Produkten in vielen Varianten bei kürzer werdenden Lebenszyklen auch Maschinen und Technologie zu ihrer Herstellung zunehmend komplex werden, entstehen ständig neue Herausforderungen an die Systemintegration und -kompatibilität. Nicht nur die technischen, auch die organisatorischen und logistischen Schnittstellen werden zahlreicher. Dadurch wird es schwieriger, Fertigungssysteme zu warten, zu rekonfigurieren oder zu erweitern, während gleichzeitig diese Aufgaben immer öfter anfallen, je weiter die Lebenszyklen der Produkte und ihrer Varianten, der Fertigungsprozesse und der verwendeten Technologien voneinander divergieren.

Daraus ergibt sich eine ganze Reihe von Problemen. Es existiert keine allgemeingültige Standardisierung in der Anlagentechnik. Sämtliche Schnittstellen, ob im Informations- oder Materialfluss, bei den eingesetzten Energieformen und Stoffen, bei Mechanik und Spannsystemen, müssen aufeinander abgestimmt werden. Um für all diese Schnittstellen über taugliche und robuste Lösungen verfügen zu können, wird hoher Kapitaleinsatz notwendig. Das gilt insbesondere für den hohen Grad an Energiediversifikation, der beim Einsatz von mal pneumatisch, mal hydraulisch und dann wieder elektrisch betriebenen Fertigungssystemen entsteht. Das Management bestehender Anlagen, zumal das Änderungsmanagement, wird noch zusätzlich zu den auftretenden Kompatibilitätsproblemen dadurch erschwert, dass Planungsdaten und Planungsstände nur unzureichend kommuniziert werden. Und schließlich werden Investitionsentscheidungen zu oft aufgrund kurzfristiger Wirtschaftlichkeitsüberlegungen getroffen, die gerade der zunehmenden Divergenz in den Lebenszyklen von Fertigungsanlagen und Produkten nicht mehr gerecht werden.

4.3.1.2 Forschungsbedarf und Diskussion

Vor diesem Hintergrund ergibt sich ein umfangreicher Forschungsbedarf. Bereits in der Investitionsphase sind Fertigungssysteme hinsichtlich einer späteren Wandlungsfähigkeit zu planen. Der Bedarf an Wandlungsfähigkeit muss ermittelt und ihr Vollzug bewertet werden. Dazu sind einfache Methoden erforderlich. Für Fertigungssysteme bedarf es der Ethablierung eines eigenen Änderungsmanagementes mit entsprechenden Methodiken. Es sind Steuerungssysteme zu entwerfen, mit deren Hilfe Fertigungssysteme automatisch adaptiert und stufenweise in Betrieb genommen werden können. Für verschiedene Familien und Teilfamilien von Werkstücken müssen adaptive Träger- und Spannsysteme entwickelt werden. Und vor allem bedarf es der Definition von Schnittstellen zwischen allen Teilsystemen der Fertigung, die robust, preiswert und standardisierbar sind.

In der Diskussion der ungelösten Probleme bei der Wandlungsfähigkeit von Maschinen und Komponenten kristallisierte sich neben einer ganzen Reihe von sehr konkreten Fragen, die einer Lösung bedürfen, auch ein allgemeines Problem heraus: Bei der Festlegung von Strategien in der produzierenden Industrie ist es schwierig, den speziellen Anforderungen der Produktion Rechnung zu tragen. Das gilt sowohl für eine Produktentwicklung, die auf die anschließende Fertigung wenig Rücksicht nimmt und die geforderte Variantenvielfalt unzureichend in der Fertigungsplanung berücksichtigt, als auch für die damit verbundene Investitionsstrategie, die stets sehr kurzfristig angelegt ist und einer zu atomaren Betrachtungsweise zuneigt, statt alle Kostenelemente im Rahmen einer längerfristigen Kostenrechnung im Rahmen von LCC (Life Cycle Costing) zu betrachten.

Daraus ergibt sich sehr konkret die Notwendigkeit, angesichts der vorgegebenen Produktionsleistungen den dazu notwendigen Bedarf an Wandlungsfähigkeit der eingesetzten Systeme vorher zu bestimmen und insbesondere die Richtung festzulegen, in welche diese Wandlungsfähigkeit hinsichtlich Kapazitäten und Funktionen voraus weist. Die Implikationen von Produkt- und Investitionsentscheidungen für die Produktion müssen so konkret nachweisbar sein, dass sie frühzeitig in strategische Entscheidungen zurückwirken und sie mit steuern können. Ebenso müssen die mittel- bis langfristigen Kosten von Wandelbarkeit so transparent werden, dass sie als Option zu starren Maschinen direkt vergleichbar ist.

Die konkreteren Probleme, die in der Diskussion auf dem Weg zu mehr Wandlungsfähigkeit gesehen wurden, treten aufgrund von fehlendem technologischen Know-how sowie fehlender oder unzureichend abgestimmter Schnittstellen auf. So wurde bemängelt, dass gerade der Konkurrenzdruck hier die Definition einheitlicher Schnittstellen etwa in Form europäischer Standards behindert. Das führe zu einer Einschränkung jeweils auf bestimmte Hersteller und Technologien, was einer höheren Wandlungsfähigkeit der Produktion entgegen steht. Die Definition technischer Merkmale zur Umsetzung der Wandlungsfähigkeit ist derzeit noch zu schwierig. Ideal wären Baukastensysteme für wandelbare Anlagen, die aber noch nicht vorhanden oder nicht ausgereift seien. Eine Methodik, aufgrund derer Wandel in Reaktion auf Turbulenzen konkret beschreibbar wird, sei notwendig. Ein weiteres Hindernis wurde in ungenügender Modularität der Software gesehen, beziehungsweise und allgemeiner die Frage aufgeworfen nach Programmierstandards für wandelbare Systeme. Schließlich ging es um die Frage, in wie weit bestehende Strukturen wie Gebäude die Wandlungsfähigkeit einschränken oder einfach fehlende flexible Spann- und Handhabungsvorrichtungen fehlen.

4.3.1.3 Hemmnisse und offene Fragen

Entsprechend den diskutierten Problemen wurden mögliche fehlende Lösungen genannt: Benötigt werden Instrumente, um den Bedarf und die Richtung wandelbarer Fertigungssysteme firmenspezifisch zu ermitteln, Instrumente zur präzisen Kosten-Nutzen-Ermittlung wandlungsfähiger Anlagen und klare strategische Vorgaben. Ebenso wichtig sind standardisierte Schnittstellen – mindestens europäisch, möglichst global – und vernünftige Normen. Gewünscht wurde außerdem eine modular aufgebaute Baukastenmethodik, die offen für verschiedene Hersteller ist und durch eine auf Autonomie und Funktionalität abgestellte Modularisierung sowohl Wandelbarkeit innerhalb einzelner Prozessschritte zulässt als auch Konstanz der Maschinengestaltung und einfache Programmierung garantiert. Ideal wären Instrumente zum Konzipieren ganzer Systeme; Instrumente, die Konzeption, Konstruktion und Simulation von wandlungsfähigen Fertigungssystemen mittels einer durchgängigen Software zusammen führen. Schließlich wurde eine bessere überbetriebliche Abstimmung gefordert.

Die abschließende Frage nach dem vordringlichsten Forschungsbedarf erbrachte eine Vielzahl sehr konkreter Vorschläge. So wurde angeregt, Instrumente zur Kosten-/Nutzenrechnung auf der Basis bereits bestehender Instrumente zu entwickeln, wie sie etwa vom VDMA propagiert werden. Es müsse möglich sein, Modularität und Wandlungsfähigkeit einer Maschine inklusive der Kosten späterer Änderungen durchgängig und bedarfsorientiert zu planen und in der Planungsphase schon über technische und wirtschaftliche Gesamtbewertungen zu verfügen.

Vordringlicher Forschungsbedarf wurde auch bei den Schnittstellen gesehen, insbesondere bei der Frage, welche mechanischen, elektronischen und informationellen Schnittstellen sinnvoll standardisierbar sind, ohne Wandlungsbefähiger durch mangelnde Schlankheit zu einem kontraproduktiven Element werden zu lassen.

Weiter wurde gefragt nach den Konsequenzen von modularisierter Produktion auf nachgeschaltete Prozesse. Ein Pflichtenheft für die Abnahme wandlungsfähiger Maschinen wurde angeregt und die Frage nach Betreibermodellen aufgeworfen: Wer realisiert die Wandelbarkeit und wo liegen die Verantwortlichkeiten im laufenden Betrieb – beim Anwender oder Hersteller der Systeme?

Schließlich wurde nach brauchbaren Vorhersagemethoden gefragt, anhand derer Entscheidungen getroffen werden können, wann und wie die für einen Betrieb ideale Wandelbarkeit erreicht wäre. Dazu bedarf es nutzbarer Arbeitswerkzeuge zur Realisierung von Wandlungsfähigkeit: Simulationsmethoden ebenso wie experimentelle Methoden, die etwa Kennwerte für Veränderungen im Maschinenverhalten liefern. Und ganz allgemein: Auch die Grenzen der Technologie sollten durch einen Versuchsträger oder Demonstrator aufgewiesen werden.

4.3.2 Workshop 2 – Fertigungssteuerung & Logistik – Mensch & Organisation

Leitung: Prof. Dr.-Ing. habil. Peter Nyhuis

4.3.2.1 Ausgangssituation und Problemstellung

Häufige Produktänderungen, verkürzte Lebenszyklen und permanente Innovationen sind nur einige der Herausforderungen, denen sich die Produktionsunternehmen heute stellen müssen. Wandlungsfähige Produktionssysteme befähigen Unternehmen schnell und flexibel auf diese Turbulenzen zu reagieren. Äußerst wichtige Bestandteile eines Produktionssystems sind zum einen die Logistik und die Fertigungssteuerung und zum anderen der Mensch und die Organisation. Die Logistik und die Organisation sind Querschnittsfunktionen und müssen aus diesem Grund einen wichtigen Beitrag zur Wandlungsfähigkeit der Produktionssysteme leisten. Deshalb wird diese Themenstellung Gegenstand dieses Workshops.

4.3.2.2 Forschungsbedarf und Diskussion

In der einleitenden Analyse der bestehenden Probleme der Wandlungsfähigkeit sollten die Fragen diskutiert werden, die im Verlauf der ersten Projektphasen identifiziert worden waren. Dazu gehörten:

- Fragen der ganzheitlichen Betrachtung von Schnittstellen,
- der Kosten universal ausgelegter Schnittstellen,
- die Schwierigkeiten des Änderungsmanagements angesichts bestehender Organisationsstrukturen und veralteter, meist nicht kompatibler Daten,

- das Problem fehlender Standardisierung in fast allen Bereichen der Anlagentechnik,

- aber insbesondere auch Fragen der Personalpolitik und Kompetenzentwicklung der Belegschaft als integraler Träger der Wandlungsfähigkeit.

Die Diskussion bestätigte zunächst die Schwierigkeiten, die aus der noch unzureichenden Bewertbarkeit von Wandlungsfähigkeit resultieren. Zur schlüssigen Rechtfertigung wandlungsfähiger Systeme mangelt es an geeigneten Kosten-Nutzen-Rechnungen, Modellen zur Bewertung des Ist-Zustandes hinsichtlich Wandlungsfähigkeit, zur Erkennung und Bewertung von Trends und darauf fußend zur Definition einer jeweils idealen Wandlungsfähigkeit. Auch wurde der Umstand problematisiert, dass stets sämtliche Wandlungsbefähiger mit ihren gegenseitigen Wechselwirkungen zu bedenken sind, es also nicht ohne weiteres möglich ist, den einen 'großen Stellhebel' zu benennen. All das erschwert die Entscheidung zugunsten wandelbarer Produktionssysteme über die ohnehin bestehende Hemmschwelle hinaus, die durch die ganzheitliche und langfristige Perspektive von Wandelbarkeit und ihren erst nach und nach und nicht im Augenblick sich realisierenden Nutzen entsteht.

Ein weiteres Problemfeld ergab sich in der Frage der Umstellung auf Wandlungsfähigkeit: In wie weit behindern bestehende Fertigungsstrukturen und gegebene Betriebsmittel die Umstellung? Wie lassen sich Einsatzpläne für den Wandel erstellen? Und wie verträgt sich Wandlungsfähigkeit mit Automatisierung – was ist also durch einen teilweisen Verzicht auf Automatisierung etwa zu erreichen? Wandlungsfähigkeit erhöht die Komplexität von Managementaufgaben, umso fester muss Wandlungsfähigkeit im Management als Managementaufgabe verankert sein. Zudem ist Wandlungsfähigkeit schon im Ansatz darauf angelegt, für den Einzelfall spezifische Lösungen zu ermitteln, so dass die Frage aufgeworfen wurde, in welchem Maß dennoch Standardlösungen denkbar sind, die sich kopieren und anpassen lassen. Es wurde auch die Frage aufgeworfen, ob eine optimale Logistik und Wandlungsfähigkeit nicht als divergierende Ziele anzusehen seien.

Ein weiterer Problembereich ergab sich in der Frage der Auswirkungen von Wandlungsfähigkeit auf die Produktpolitik: Wie werden bei Produktwechseln alternative Strategien bewertet? Welchen Planungsvorlauf benötigen Produktwechsel und zu welchem Zeitpunkt ist eine Früherkennung notwendig? Und wie beeinflusst Wandlungsfähigkeit die Anforderungen, die ein Produktwechsel oder das Angebot von zusätzlichen Produktvarianten stellen?

Schließlich wurden die Voraussetzungen von Wandlungsfähigkeit in der Personalpolitik besprochen. Wandlungsfähigkeit ist in hohem Maß abhängig von der Qualifikationsstruktur der Belegschaft und der Motivation und Bereitschaft der Mitarbeiter, sich auf Wandel nicht nur einzulassen, sondern ihn aktiv zu begleiten. Wandlungsfähigkeit muss in der Organisation als Normalität gelten. Einstellungen und Haltungen müssen sich dementsprechend wandeln, die Personalpolitik muss durch Qualifikation auf Wandlungsfähigkeit auch der Mitarbeiter hinwirken, und zumal ist eine langfristige Bindung von Mitarbeitern an das Unternehmen notwendig.

4.3.2.3 Hemmnisse und offene Fragen

Die Frage nach möglichen Lösungen für die diskutierten Probleme regte an, gangbare Wege hin zur Reduzierung und Standardisierung von Schnittstellen zu beurteilen, Möglichkeiten der Produktpolitik zu erörtern (Gleichteileverwendung, Plattformstrategien, produktorientierte Linien) und natürlich über Strategien der Begründung von Wandlungsfähigkeit nachzudenken – von erweiterter Wirtschaftlichkeitsbetrachtung bis hin zur frühzeitigen Kundeneinbindung.

So wurde im Gesprächsverlauf auch die Notwendigkeit langfristiger Investitionsrechnung als Alternative zum heutigen Controlling betont. Es wurden Bewertungsmodelle der Versicherungswirtschaft ins Spiel gebracht und Methoden zur Wertanalyse und Risikoabschätzung diskutiert, die es ermöglichen, eine Minderung der Investitionsrisiken durch Wandelbarkeit abzuschätzen.

Zum Feld der Logistik und Organisation wurde vorgeschlagen, technische und logistische Steuerung miteinander zu verbinden und auf eine sich selbst konfigurierende und nach dem Schema 'Plug & Produce' arbeitende Logistik hinzuarbeiten. Organisation müsse stärker prozessorientiert gedacht werden und insgesamt müsse weniger Energie in die reine Planung von Fertigungssystemen und Produkten investieret werden, dafür umso mehr in Reaktionsfähigkeiten.

Für die Personalpolitik wurden frühzeitige Schulung und Einbindung der Belegschaften gefordert. Es gelte, persönliche Erfahrungen mit Wandel zu ermöglichen und 'Verlierer' des Wandels zu vermeiden. Personalprozesse müssten im Sinne kontinuierlicher Verbesserungsprozesse auf das Ziel Wandlungsfähigkeit hin angelegt werden, so dass auch der Wandel von Tätigkeiten unterstützt wird.

Die Realisierung der vorgeschlagenen Lösungen stößt ihrerseits wieder auf Probleme: Der Konflikt um die Bevorzugung kostengünstiger oder wandlungsfähiger Lösungen setzt sich auch hier fort, ebenso das Problem der Vielfalt an Ausrüstern mit je eigenen technischen Lösungen sowie der Kombination unterschiedlich alter Anlagen.

In der Diskussion wurde beklagt, dass es allgemein noch keine wandlungsförderliche Kultur und mangelhafte Anreizsysteme gebe. Auch sprächen Unternehmensführung und Mitarbeiter oft nicht dieselbe Sprache. Weitere Hemmnisse treten durch gesetzliche und tarifliche Mitbestimmungsregelungen auf und durch Zertifizierungsvorschriften.

Wiederum ein Thema: Die noch unzureichende Bewertbarkeit des Nutzens, den Wandlungsfähigkeit erbringt, und damit verbunden die Orientierung von Unternehmenspolitik und strategischen Entscheidungen am Kapitalfluss. Zudem gebe es zu viele Alternativen, Wandlungsfähigkeit zu erreichen. Auch wurden Unsicherheiten bezüglich der Nachhaltigkeit von Wandlungsfähigkeit laut. Wandlungsfähigkeit dürfe kein Chaos erzeugen.

Und abermals genannt wurde auch hier die Probleme fehlender Kennwerte für Mensch und Maschine und mangelnder Transparenz in den Organisationsstrukturen.

Abschließend wurde um eine Konkretisierung und womöglich Bestätigung der drängendsten Forschungsziele gebeten, wie sie sich im Projektverlauf herausgestellt hatten:

- Beherrschung der divergierenden Lebenszyklen von Produkten, Technologien und Prozessen;
- Optimale Ausnutzung der Wandlungsdynamik über den gesamten Lebenszyklus eines Produktionssystems hin;
- Optimierung des An- und Auslaufmanagements hinsichtlich Wandlungsfähigkeit;
- Gestaltung der Steuerung für wandlungsfähige Produktion;

- Befähigung von Führungs- wie Produktionskräften zur Umsetzung von Wandlungsfähigkeit.

Auf den letzten Punkt der Forschung zu Arbeitsorganisation und Qualifizierung wurde in der Diskussion Wert gelegt. Es müssten die Voraussetzungen für eine ständige Wandlungsbereitschaft geschaffen werden. Dazu müsse zuerst eine wandlungsförderliche Struktur der Organisation gefunden werden, für die Mitarbeiter müssten Verlässlichkeit und Planbarkeit herrschen in Bezug auf ihre Entwicklungsperspektiven im Unternehmen, und man benötige Methoden, die die Kommunikation zwischen Belegschaft und Führung fördern. Mitarbeiter müssten trainiert werden, gleichzeitig benötige Wandlungsfähigkeit entsprechende Führungskompetenzen.

Unmittelbarer Forschungsbedarf wurde ebenso in Fragen der Bewertung von Wandlungsfähigkeit gesehen: Kennzahlensysteme zur Bestimmung des Reifegrades von Wandlungsfähigkeit, zur Bewertung ihres Nutzens und insbesondere zur Darstellung der Kosten ungenügender Wandlungsfähigkeit, zur Identifikation von Stellhebeln im einzelnen Unternehmen aber besonders auch im Netzwerk. Die Verteilung und Streuung von Risiken wurde genannt.

Als ebenso vordringlich wurde weitere Forschung zur wandlungsförderlichen Gestaltung der Schnittstellen gesehen. Und schließlich wurde auch eine Verminderung der gesetzlichen und tarifparteilichen Regelungen als wichtig angesehen.

Weitere Anregungen galten der Überlegung, man sollte Wandlungsfähigkeit simulieren können, sie als Planspiel durchgehen oder im Manöver unter Adaption militärischer Strategien testen. Und es wurde auf Analogien zur Wandlungsfähigkeit in der Natur hingewiesen: Anpassung an sich verändernde Lebensräume und Umweltbedingungen als Beispiel für ein evolutionäre Strategien adaptierendes produktionslogisches Denken.

4.3.3 Workshop 3 - Wandlungsfähigkeit im Netzwerk

Leitung: Prof. Dr.-Ing. Gunther Reinhart

Im Workshop 3 wurden Aspekte der Wandlungsfähigkeit in Wertschöpfungsnetzen diskutiert.

4.3.3.1 Ausgangssituation und Problemstellung

Aufgrund der Verschärfung des globalen Wettbewerbsumfeldes konzentrieren sich Unternehmen zunehmend auf Ihre Kernkompetenzen. Diese Fokussierung bedingt eine zunehmende Fragmentierung von Wertschöpfungsketten in der produzierenden Industrie. Des Weiteren vereinfachen eine leistungsfähige Logistik und moderne Kommunikationssysteme die globale Beschaffung und den Vertrieb von Gütern. Daher sind Unternehmen zunehmend in globalen Wertschöpfungsnetzen organisiert.

Die bisherigen Ansätze zur Wandlungsfähigkeit beschränken sich jedoch auf die Ebene der Fabrik und lassen die Integration in eine Wertschöpfungskette unberücksichtigt. Hierdurch gehen Optimierungspotentiale in Wertschöpfungsketten verloren und Probleme der Industrie bleiben unberücksichtigt. Daher sind die Forschungsarbeiten zu wandlungsfähigen Produktionssystemen auf die Betrachtungsebene der Wertschöpfungskette bzw. des Wertschöpfungsnetzes zu erweitern, um den beschriebenen Entwicklungen in der produzierenden Industrie Rechnung zu tragen.

4.3.3.2 Diskussion und offene Fragen

Zunächst wurde der Forschungsbedarf hinsichtlich der Identifikation von induzierenden Größen der Turbulenz festgestellt. Es ist unklar, welche Einflussgrößen aus dem Marktumfeld wirken, wie sie auf die Wertschöpfungskette wirken und welche Formen an Wandlungsfähigkeit sie von einer Wertschöpfungskette verlangen, um ihre Wettbewerbsfähigkeit erhalten zu können.

Darauf aufbauend stellte sich die Frage, wie der Bedarf an Wandlungsfähigkeit einer Wertschöpfungskette bestimmt werden kann. Zunächst ist festzuhalten, dass die optimale Wandlungsfähigkeit nicht der maximalen, sondern vielmehr der wirklich notwendigen Wandlungsfähigkeit entspricht. Es ist also eine Übererfüllung der Wandlungsfähigkeit zu vermeiden, da diese mit unnötigen Kosten verbunden ist. Zur detaillierten Bestimmung der optimalen Wandlungsfähigkeit sind zum einen Größen zu bestimmen, anhand derer die Wandlungsfähigkeit geplant und gemessen werden kann, und zum andern sind dann die Ausprägungsstärken dieser Größen zu definieren.

Des Weiteren wurde der Bedarf nach Methoden zur Bestimmung der Wandlungsfähigkeit in einer Wertschöpfungskette geäußert. Hierzu ist die Wandlungsfähigkeit jedes einzelnen Unternehmens zu analysieren, um dann eine Gesamtaussage über die gesamte Kette treffen zu können. Zusätzlich sind hier Wechselwirkungen und Verbindungen zwischen den Unternehmen in der Wertschöpfungskette zu berücksichtigen. Es wurde festgestellt, dass die Wandlungsfähigkeit der einzelnen Unternehmen in der Wertschöpfungskette abgestimmt sein muss, um mögliche Engpässe der Wandlungsfähigkeit verhindern zu können. Hier gilt: eine Kette ist nur so wandlungsfähig wie ihr schwächstes Glied.

Auch die Qualifikationen der einzelnen Mitarbeiter in einem Unternehmen oder der gesamten Wertschöpfungskette haben Einfluss darauf, wie schnell Wandlungsfähigkeit umgesetzt werden und auf Turbulenzen reagiert werden kann. Hierbei stellt sich zum einen die Frage, wie Mitarbeiter am besten auf Veränderungen vorbereitet werden können und wie diese Veränderungsbedarfe hinsichtlich der Qualifikationsstruktur am schnellsten umgesetzt werden können.

Im Hinblick auf die Bestimmung des Wandlungsbedarfes wurde auch der Einsatz multikriterieller Szenarien diskutiert. Durch einen solchen Ausblick in die Zukunft, in dem die Entwicklung mehrer Faktoren berücksichtigt wird, könnten eventuell Wandlungsbedarfe bestimmt werden. Hierbei ist zu prüfen, wie ein solches Szenario aufgebaut sein müsste und welche Bedarfe an Wandlungsfähigkeit und in welcher Form aus dem Szenario gewonnen werden könnten.

Außerdem wurde angedacht, ob der Einsatz von Routinen bei der Umsetzung von Wandlungsfähigkeit unterstützen kann. Genauso wie es beispielsweise in einer Rettungsmannschaft Routinen für die Bergung von Verletzten gibt, könnten in einem Unternehmen oder einer Wertschöpfungskette Routinen etabliert werden, die eine bessere Beherrschung von Turbulenzen erlauben. Hierbei ist zu untersuchen, ob überhaupt Routinen zur Beherrschung von Wandlungsfähigkeit identifiziert oder entwickelt und wie diese dann im Unternehmen oder der Wertschöpfungskette verankert werden können.

4.3.3.3 Forschungsbedarf

Ein Anliegen speziell der Teilnehmer aus der Industrie, war, wie die Entwicklungen und Methoden der Wandlungsfähigkeit im Besonderen für kleine und mittlere Unternehmen nutzbar gemacht werden können. Hier ist der Know-how-Austausch zwischen der Industrie und der Forschung weiter zu forcieren und gezielt Projekte mit der Erarbeitung und dem Transfer von Wissen anzustreben.

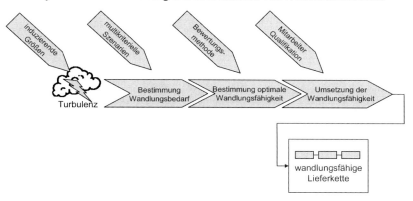

Abbildung 46   Forschungsbedarfe im Bereich der Wandlungsfähigkeit in Wertschöpfungsketten

Zusammenfassend kann festgestellt werden, dass im Bereich der Wertschöpfungsketten ein sehr hoher Forschungsbedarf im Bereich der Wandlungsfähigkeit besteht (Abbildung 46). Im Vordergrund stehen die Fragen, wie, an welcher Stelle und in welcher Form Turbulenzen induziert werden, wie der daraus resultierende Wandlungsbedarf der Zukunft bestimmt werden kann und wie schließlich das optimale Maß an umzusetzender Wandlungsfähigkeit definiert werden kann. Hierbei ist der Einsatz multikriterieller Szenarien und Routinen zu prüfen und eine Methode zur Bewertung der Wandlungsfähigkeit zu erarbeiten. Des Weiteren ist zu erforschen, wie Mitarbeiter am besten auf den Wandel vorbereitet werden und dieser dann mit deren Hilfe umgesetzt werden kann. Schließlich sind Industrieunternehmen, im Besonderen kleine und mittelständische Unternehmen, mit in die Erarbeitung von Lösungen zu integrieren und ein entsprechender Know-how-Transfer sicherzustellen.

5 Zusammenfassung: Wandlungsfähigkeit – (k)ein Thema der Zukunft

Daniel Berkholz, IFA

Schon das rege Interesse am öffentlichen Diskurs „Wandlungsfähige Produktionssysteme" ist ein wichtiges Ergebnis dieser Voruntersuchung. Es zeigt: In der Wissenschaft und gerade auch in der Industrie wird das Leitbild wandelbarer Produktionssysteme sehr ernst genommen und lebhaft diskutiert.

Darüber hinaus kann die durchgeführte Untersuchung mit sehr handfesten Ergebnissen aufwarten. Zwei große Themenfelder sind beschrieben worden, auf die sich künftige Forschungsarbeit vordringlich konzentrieren muss. Beide Themenfelder waren schon in der Analysephase deutlich geworden und haben im Verlauf der Untersuchung an Kontur gewonnen. Es handelt sich um die Problematik der Schnittstellen in der Fabrik und um Wandlungsfähigkeit im Netzwerk. Beide Themenfelder sind denkbar komplex, da sie von divergierenden Lebenszyklen von Technologien, Produkten und Prozessen handeln und Bewertungsverfahren eine maßgebliche Rolle spielen. Und die möglichen Lösungen müssen auf der organisatorischen, der technischen und der menschlichen Ebene greifen und miteinander harmonieren.

5.1 Themenfeld Schnittstellen

Schnittstellen sind die neuralgischen Punkte wandelbarer Produktionssysteme. Die Ansprüche an die Produkte nehmen zu; auch die Komplexität der Fabriken mit ihren Anlagen und Technologien und die notwendige Verzahnung der resultierenden technischen, organisatorischen und logistischen Prozesse mittels entsprechender Schnittstellen werden immer anspruchsvoller. Zugleich wachsen die Leistungsanforderungen an die Mitarbeiter.

Abhilfe schaffen kann hier nur eine Standardisierung von Schnittstellen, also ihre gezielte ganzheitliche Gestaltung. Dazu ist Forschung auf vielen Ebenen notwendig. Beispielsweise verlangt die zunehmende Modularität von Produktionsanlagen nach ebenso robusten wie standardisierten Schnittstellen, um zu gewährleisten, dass die Umrüstung von rekonfigurierbaren Maschinenmodulen möglichst reibungslos und effizient zu bewerkstelligen ist. Und Schnittstellen müssen so vorausschauend konzipiert werden, dass eine langfristigere Maschinenstandardisierung möglich wird. So besteht hoher Forschungsbedarf hinsichtlich Analyse, Gestaltung, Bewertung und schließlich Nutzung sinnvoller Standardisierungen von technischen Schnittstellen.

Ebenso hohe Anforderungen stellen die organisatorischen und logistischen Schnittstellen, durch die Informations- und Materialflüsse sowie Entscheidungsprozesse gestaltet werden. Insbesondere der letzte Punkt, die Steuerung und Optimierung von Entscheidungsprozessen, die auf Nachhaltigkeit und lange Frist angelegt sind, erfordert gesteigerte Aufmerksamkeit der Forschung. Denn es mangelt eindeutig an geeigneten Bewertungssystemen für Wandlungsfähigkeit. Die mittel- bis langfristige Wirtschaftlichkeit von wandlungsfähigen Produktionssystemen und ihre wirtschaftliche Nachhaltigkeit kann noch nicht präzise genug dargestellt werden. Dadurch werden Investitionsentscheidungen, die auf Wandlungsfähigkeit setzen, schwer durchsetzbar. Deshalb kann aber auch nicht hinreichend nachdrücklich für eine wandlungsfreundliche Unternehmenskultur geworben werden, die für wandelbare Produktionssysteme unerlässlich ist. Die derzeit verbreitete Kultur fördert zu oft kurzfristiges Denken und verlangt nach Organisationsstrukturen, die Wandel eher behindern. Auch an langfristiger Personalpolitik mit geeigneten Anreizsystemen und intensiver Fortbildungstätigkeit mangelt es.

Forschung also ist notwendig zur Qualifizierung von Mitarbeitern, die zur gezielten Nutzung ganzheitlicher Schnittstellen befähigt werden müssen, und zu Organisationsstrukturen, die Wandel unterstützen und vorantreiben.

Die Anforderungen an wandlungsfähige Produktionssysteme sind hoch und sehr komplex, ihr Nutzen ist mit den gängigen Controlling-Methoden betriebswirtschaftlich kaum darstellbar. Darum bedarf es nicht nur einschlägiger Forschung zu den Methoden, den Nutzen von Wandlungsfähigkeit transparent und darstellbar zu machen, sondern insbesondere auch zu einer präzisen Bezifferung der Kosten, die entstehen, wenn auf Wandlungsfähigkeit verzichtet wird.

Ebenso notwendig ist die Entwicklung von Kennzahlensystemen und Bewertungsmethoden, die den Reifegrad von wandlungsfähigen Produktionssystemen bestimmen helfen und Aussagen darüber zu treffen erlauben, wo zwischen idealer und maximaler die im Einzelfall anforderungsgerechte Wandlungsfähigkeit erreicht wäre und wie weit ein betrachtetes Produktionssystem davon entfernt ist. Dies spielt bei kürzer werdenden Produktlebenszyklen eine besondere Rolle.

5.2 Themenfeld Netzwerke

Die Entwicklung des Wettbewerbsumfeldes für die produzierende Wirtschaft in den vergangenen Jahren hat dazu geführt, dass die Unternehmen sich immer stärker auf bestimmte Kernkompetenzen konzentriert und vor- oder nachgelagerte Produktionsschritte abgegeben haben. Und dieser Prozess der Fokussierung und Spezialisierung auf einzelne Marktsegmente wird auch künftig weiter vorangetrieben werden. Die Wertschöpfungsketten, die früher nicht selten vollständig unter dem Dach eines Konzerns vereinigt waren, werden weiter fragmentiert. Zunehmend erfolgt der Wertschöpfungsprozess in Kooperation mehrerer Unternehmen. Und je weiter der Prozess der Globalisierung voranschreitet, desto mehr verknüpfen sich Wertschöpfungsketten zu globalen Wertschöpfungsnetzen.

Um diese Entwicklung zu reflektieren, muss die Wissenschaft ihren Fokus von der einzelnen Fabrik verstärkt auf die gesamte Wertschöpfungskette erweitern. Um eine wandlungsfähige Produktion zu ermöglichen, müssen die verschiedenen Glieder der Wertschöpfungskette auch unternehmensübergreifend so integriert werden, dass entstehender Wandlungsdruck gezielt und konzertiert aufgenommen und Produktionsschritte abgestimmt werden können. Die Analyse, Planung, Bewertung und Gestaltung von Wandlungsfähigkeit muss also alle Glieder der Wertschöpfungskette gleichermaßen berücksichtigen. Das wirft wiederum die Frage der technischen und organisatorischen Umsetzung auf – diesmal der Wandlungsfähigkeit im Netzwerk – und die Frage nach der Befähigung der Menschen zum Wandel, im Management ebenso wie in der Belegschaft. Und auch bezogen auf die gesamte Wertschöpfungskette gibt es einen hohen Forschungsbedarf bei der Entwicklung von Bewertungssystemen, die das geforderte Maß an Wandlungsfähigkeit unternehmensübergreifend zu bestimmen helfen, und aus denen direkte Handlungsempfehlungen abzuleiten sind. Da Aussagen über ein ganzes Wertschöpfungsnetz zu treffen sind, müssen die Bewertungssysteme entsprechend komplex sein und die Dynamik in diesem Netz methodologisch abbilden, um für die einzelnen Stufen der Wertschöpfung im Rahmen eines nichtstatischen Prozesses dennoch präzise Empfehlungen formulieren zu können. Es muss nicht nur darüber geforscht werden, welche Wandlungstreiber auf eine Wertschöpfungskette an welcher Stelle welchen Einfluss nehmen, sondern auch betrachtet werden, welche Wechselwirkungen entstehen, wenn verschiedene Wandlungstreiber auf verschiedene Glieder der Kette sich verschieden auswirken. Ebenso sind neben den bekannten mögliche weitere Wandlungstreiber zu identifizieren, deren Auswirkungen nur die Wertschöpfungskette im Ganzen betreffen, ohne an ihren einzelnen Gliedern direkt nachweisbar zu sein. Und schließlich müssen Methoden entwickelt werden, durch welche die mögliche Wandlungsfähigkeit einzelner Glieder der Wertschöpfungskette, für sich betrachtet, mit der tatsächlich in Betrachtung der gesamten Kette notwendigen Wandlungsfähigkeit abgeglichen werden kann.

5.3 Ausblick

Damit das produzierende Gewerbe in Deutschland, Ausrüster und Zulieferer ebenso wie Hersteller von Endprodukten, seine Wettbewerbsfähigkeit erhalten und ausbauen kann – das hat diese Voruntersuchung gezeigt – muss es in Zeiten turbulenter Märkte und weit verzweigter Wertschöpfungsketten auf eine wandlungsfähige Produktion setzen. Nur so lassen sich künftig wirtschaftliche Produktion und anspruchsvolle Innovationspolitik sinnvoll realisieren. Der Forschungsbedarf, der zur Unterstützung und Ausgestaltung dieser Entwicklung entsteht, ist klar geworden:

- Robuste, preiswerte, standardisierte Schnittstellen,
- ganzheitliche Gestaltung von Wandlungsfähigkeit in der Wertschöpfungskette sowie
- Bewertungsmethoden.

Die Bedeutung des letzten Punktes kann nicht genug betont werden. Allzu oft geht in den Unternehmen eine anfängliche Aufgeschlossenheit für Wandlungsfähigkeit verloren, sobald es zur Kostenrechnung kommt. Denn herkömmliche Verfahren der Budgetierung, die auftrags- und projektbezogen angelegt sind, lassen auch herkömmliche Produktionsweisen als günstiger gegenüber wandlungsfähiger Produktion erscheinen, indem sie Herstellungskosten aktueller Produkte in den Vordergrund stellen, ohne Wechselwirkungen mit anderen Produkten oder Folgekosten für neue Varianten zu berücksichtigen. Modelle erweiterter Wirtschaftlichkeitsrechnung, die solche Kosten darstellen und die Wirtschaftlichkeit wandlungsfähiger Produktionssysteme enthüllen, müssen nicht nur entwickelt bzw. weiter verbessert, sondern soweit vorhanden auch in den Unternehmen angewendet werden. Das erfordert eine entsprechend auf Langfristigkeit und Ganzheitlichkeit angelegte Firmenkultur. Häufig wird zu kleinräumig gedacht und die Flexibilisierung einzelner Produktionslinien gegenüber grundlegenderen Lösun-

Zusammenfassung: Wandlungsfähigkeit – (k)ein Thema der Zukunft

gen bevorzugt, obwohl solche kleinräumigen Maßnahmen oft schon durch die logistische Peripherie der Produktion ihrer Wirkung beraubt werden. Ebenso wird heute noch zu oft im Sinne einer möglichst weitgehenden Automatisierung gedacht, die einer höheren Wandlungsfähigkeit oft im Wege steht. Gleichzeitig wird nicht genug Wert auf eine langfristige, fortbildungsintensive Personalpolitik gelegt. Dies ist aber die Voraussetzung echter Wandlungsfähigkeit. Und nicht zuletzt fällt der sprichwörtliche Blick über den Tellerrand des einzelnen Unternehmens und auf die Produktion im Wertschöpfungsnetz noch allzu schwer.

In allen diesen Punkten ist auch ein Wandel in den Unternehmenskulturen notwendig, um mit Unterstützung einer Wissenschaft, die dem einmal erkannten Forschungsbedarf besondere Anstrengungen widmet, voranzukommen auf dem Weg zu einer anforderungsgerechten Wandelbarkeit der Produktionssysteme – und damit zu mehr Wettbewerbsfähigkeit der einzelnen Unternehmen und der Stärkung des Produktionsstandorts Deutschland insgesamt.

6 Literaturverzeichnis

ABEL, J., KINKEL, S., RALLY, P., SCHOLZ, O. & SCHWEIZER, W. (2008) *Organisatorische Wandlungsfähigkeit produzierender Unternehmen. Unternehmenserfahrungen, Forschungs- und Transferbedarfe,* Stuttgart, Fraunhofer IRB Verlag.

ABELE, E. & DERVISOPOULOS, M. (2006) Lebenszyklusmanagement betrifft Hersteller und Anwender gleichermaßen. *VDMA Nachrichten.*

ABELE, E., LIEBECK, T. & WÖRN, A. (2006) Measuring Flexibility in Investment Decisions for Manufacturing Systems. *Annals of the CIRP* 55, 433-436.

ABELE, E., LIEBECK, T. & WÖRN, A. (2007) Flexibilität im Investitionsentscheidungsprozess. *2007,* 97, 85-89.

ABELE, E. & WÖRN, A. (2004) Chamäleon im Werkzeugmaschinenbau. *ZWF,* 99, 152-156.

ABELE, E., WÖRN, A., STROH, C. & ELZENHEIMER, J. (2005) Multi Machining Technology Integration in RMS. *3rd International CIRP Conference on Reconfigurable Manufacturing.* Ann Arbor, Michigan.

ALDINGER, L., KAPP, R. & WESTKÄMPER, E. (2007) Echtzeitfähiges Fabrik-Cockpit-System - Implementierung und Sicherung wirtschaftlicher Wandlungsfähigkeit. *wt Werkstattstechnik online,* 97, 358-362.

BANDURA, A. (2003) *Self-efficacy : the exercise of control,* New York, Freeman.

BARTHEL, J., BAUST, H., BEUTEL, T., BROCKER, U. & FEGGELER, A. (2002) *Ganzheitliche Produktionssysteme. Gestaltungsprinzipien und deren Verknüpfung,* Köln, Wirtschaftsverl. Bachem.

BELLMANN, L., KISTLER, E. & WAHSE, J. (2007) Demographischer Wandel. Betriebe müssen sich auf alternde Belegschaften einstellen. *IAB Kurzbericht.*

BLECKER, T. & GRAF, G. (2004a) Akteursorientiertes Management der Wandlungsfähigkeit. *Industriemanagement,* 20, 70-73.

BLECKER, T. & GRAF, G. (2004b) Akteursorientiertes Management der Wandlungsfähigkeit. *Industrie Management*, 70-73.

BLECKER, T. & KALUZA, B. (2004) *Heterarchische Hierarchie. Ein Organisationsprinzip flexibler Produktionssysteme,* Klagenfurt, Universität Klagenfurt Institut für Wirtschaftswissenschaften.

BMBF (1999) Rahmenkonzept "Forschung für die Produktion von morgen". Bonn, Bundesministerium für Bildung und Forschung (BMBF).

BÖGER, F. H. (1997) Herstellerübergreifende Konfigurierung modularer Werkzeugmaschinen. *Fortschritts-Berichte VDI.* Düsseldorf, Universität Hannover.

BOLTANSKI, L. & CHIAPELLO, E. (2001) Die Rolle der Kritik in der Dynamik des Kapitalismus und der normative Wandel. *Berliner Journal für Soziologie*, 459-477.

BOLTANSKI, L. & THÉVENOT, L. (1991) *De la justification. Les économies de la grandeur,* Paris, Gallimard.

CEDAM (1992) Concurrent engineering design approach of machine tools (CEDAM). IN KOMMISSION, S. D. E. (Ed.). Brüssel.

CISEK, R., HABICHT, C. & NEISE, P. (2002) Gestaltung wandlungsfähiger Produktionssysteme. *ZWF,* 97, 441-445.

CORSTEN, H. (2007) *Produktionswirtschaft. Einführung in das industrielle Produktionsmanagement,* Wien, Oldenbourg.

DENKENA, B., MÖHRING, H. C., HARMS, A., VOGELER, S. & H., N. (2005) Können teure Werkzeugmaschinen auf längere Sicht günstiger sein?

DESINA (2008) http://www.desina.de/.

DOHMS (2001) Methodik zur Bewertung und Gestaltung wandlungsfähiger dezentraler Fabrikstrukturen. *Berichte aus der Produktionstechnik.*

DOMBROWSKI, U., SCHULZE, S. & QUACK, S. (2007) Flexible Fertigungsmodule für eine wandlungsfähige Produktion. *Industriemanagement,* 23, 75-78.

DRABOW, G. (2006) Modulare Gestaltung und ganzheitliche Bewertung wandlungsfähiger Fertigungssysteme. *IFW*. Universität Hannover.

DÜRRSCHMIDT (2001) Planung und Betrieb wandlungsfähiger Logisitksysteme in der variantenreichen Serienproduktion. *Forschungsberichte iwb.*

DYCKHOFF, H. (1994) *Betriebliche Produktion: Theoretische Grundlagen einer umweltorientierten Produktoinswirtschaft,* Berlin, Springer.

ERIXON, G. (1998) Modular function deployment - a method for product modularization. *TRITA-MSM.* Stockholm, kungl. Tekn. Högsk. (KTH) Stockholm.

ETH (2008) KOF Globalisierungsindex. *Konjunkturforschungsstelle ETH Zürich.* Zürich, Pressemitteilung 08.01.2008.

EVERSHEIM, W. (1996) Produktionstechnik und -verfahren. IN KERN, W., SCHRÖDER, H.-H. & WEBER, J. (Eds.) *Handwörterbuch der Produktionswirtschaft (HWProd).* 2. ed. Stuttgart, Schäffer-Poeschel.

FALKE, J., HÖLAND, A., RHODE, B. & ZIMMERMANN, G. (1981) *Kündigungspraxis und Kündigungsschutz in der Bundesrepublik Deutschland. Bd. I und II,* Bonn.

FAUST, M., JAUCH, P., BRÜNNECKE, K. & DEUTSCHMANN, C. (1994) *Dezentralisierung von Unternehmen. Bürokratie- und Hierarchieabbau und die Rolle betrieblicher Arbeitspolitik,* München/Mering, Rainer Hampp.

FEIERABEND, R., BLECHSCHMIDT, N. & WAGNER, S. (2006) *Defizite bei der Umsetzung von ganzheitlichen Produktionssystemen. Ergebnisse einer Befragung der KFZ-/NFZ-Industrie,* München, CON MOTO Consulting Group.

FRANK, E., RITTER, J. & HARTMANN, H. (2000) Die agile Fabrik. Konsequenzen für Führung und Organisation. *angewandte Arbeitswissenschaft,* 50-63.

GAIROLA, A. (2003) Das Unternehmen umbauen. *Harvard Business Manager,* 61-80.

GROß, H., SEIFERT, H. & SIEGLEN, G. (2007) Formen und Ausmaß verstärkter Arbeitszeitflexibilisierung. *WSI Mitteilungen,* 202-208.

GRYGLEWSKI, S. (2007) Sicherung von Produktionsarbeit in Deutschland. Reformbedarf der arbeitsorganisatorischen Leitbilder. *Zeitschrift für Arbeitswissenschaft,* 61, 47-53.

HAIPETER, T. & LEHNDORFF, S. (2004) *Atmende Betriebe, atemlose Beschäftigte. Erfahrungen mit neuartigen Formen betrieblicher Arbeitszeitregulierung,* Berlin, Edition Sigma.

HARTMANN, M. (1995) *Merkmale zur Wandlungsfähigkeit von Produktionssystemen für die mehrstufige Serienfertigung bei turbulenten Aufgaben,* Magdeburg, Diss. Otto-von-Guericke-Universität Magdeburg.

HEGER, C. L. (2006) *Bewertung der Wandlungsfähigkeit von Fabrikobjekten (Berichte aus dem IFA 01/2007),* Garbsen: PZH 2007, Diss. Universität Hannover.

HEGER, C. L. (2007) Bewertung der Wandlungsfähigkeit von Fabrikobjekten. *Berichte aus dem IFA.* Garbsen, PZH.

HEISEL, U. & MARTIN, M. (2004) Rekonfigurierbare Bearbeitungssysteme. *wt Werkstattstechnik - online,* 94, S. 517-520.

HEISEL, U. & MEITZNER (2004) Rekonfigurierbare Bearbeitungssysteme. *wt Werkstattstechnik online,* 94, 517-520.

HEISEL, U. & MICHAELIS, M. (1998) Rekonfigurierbare Werkzeugmaschine. *ZWF,* 93, 506-507.

HEISEL, U., STEHLE, T. & SCHLEICH, B. (2004) Bewertung instandhaltungsgerechter Konstruktionen sowie Vorgehensweise zur Erstellung eines instandhaltungsgerechten Konstruktionskataloges. *dima die Maschine,* 58, S. 10-14.

HEISEL, U. & WURST, K.-H. (2006) Wandelbare, zielvariable Bearbeitungssysteme. Teilprojekt C6. Sonderforschungsbereich 467. Stuttgart, Universität Stuttgart.

HERNANDEZ, R. (2002) Systematik der Wandlungsfähigkeit in der Fabrikplanung. Hannover.

HERNÁNDEZ, R. (2003) Systematik der Wandlungsfähigkeit in der Fabrikplanung. *Fortschritt-Berichte VDI.* Düsseldorf, VDI-Verlag.

HILDEBRAND, T. (2005) Theoretische Grundlagen der bausteinbasierten technischen Gestaltung wandlungsfähiger Fabrikstrukturen nach dem PLUG+PRODUCE Prinzip. *Wissenschaftliche Schriftenreihe des Institutes für Betriebswissenschaften und Fabriksysteme.* Chemnitz, Technische Universität Chemnitz.

HILDEBRANDT, T., MÄDLING, K. & GÜNTHER, U. (2005) *Plug+Produce: Gestaltungsstrategien für die wandlungsfähige Fabrik,* Chemnitz, Institut für Betriebswissenschaften und Fabriksysteme (IBF) der TU Chemnitz.

ITO, Y. (2008) *Modular Design for Machine Tools,* New York, Mc Graw Hill.

KASCOUF, C. & CELUCH, K. (1997) IInterfirm Relationships in the Supply Chain: The Small Suppliers View. *Industrial Marketing Management* 26 475-486. .

KIESER, A. & WALGENBACH, P. (2003) *Organisation,* Stuttgart, Schäffer Poeschel.

KINKEL, S., LAY, G. & JÄGER, A. (2007) Mehr Flexibilität durch Organisation. Stellenwert strategischer Flexibilitätsziele, Nutzung organisatorischer Befähiger und Erreichbarkeit von Flexibilitätszuwächsen. *Mitteilungen aus der ISI-Erhebung zur Modernisierung der Produktion*, 1-12.

KIRCHER, C., SEYFAHRT, M. & WURST, K.-H. (2004) Modellbasiertes Rekonfigurieren von Werkzeugmaschinen. *wt Werkstattstechnik online,* 94, 179-183.

KOREN, Y. (2005) Reconfigurable Manufacturing and Beyond (Keynote Paper). *3rd International CIRP Conference on Reconfigurable Manufacturing.*

KOREN, Y., HEISEL, U., JOVANE, F., MORIWAKI, T., PRITSCHOW, G., ULSOY, G. & VAN BRUSSEL, H. (1999) Reconfigurable Manufacturing Systems. *Annals of the CIRP* 48 527-540.

KRAATZ, S., RHEIN, T. & SPROß, C. (2006) Bei der Beschäftigung Älterer liegen andere Länder vorn. *IAB Kurzbericht.*

KURR, M. (2004) Potentialorientiertes Kooperationsmanagement in der Zulieferindustrie - Vom strategischen Kooperationspotential zur operativen Umsetzung. St. Gallen, Universität St. Gallen.

LAY, G., WILLIMSKY, E. & ZANKER, C. (2007) Steuerung integrierter Modernisierungskonzepte.

LOPITZSCH, J. R. (2005) Segmentierte Adaptive Fertigungssteuerung. *IFA* Hannover, Universität Hannover.

MARCH, J. & SIMON, H. (1993) *Organizations,* Cambridge/ Massachusetts, Blackwell Publishers.

MEIER, K.-J. (2003) Wandlungsfähigkeit von Unternehmen - Stand der Technik. *ZWF,* 98, 153-159.

METTERNICH, J. & WÜRSCHING, B. (2000) Plattformkonzepte im Werkzeugmaschinenbau. *Werkstatt und Betrieb,* 133, 22-29.

MICHAELIS, M. (2002) Flexibilitätssteigerung in der Fertigung durch rekonfigurierbare Bearbeitungssysteme. Universität Stuttgart.

MÖLLER, N. (2008) Bestimmung der Wirtschaftlichkeit wandlungsfähiger Produktionssysteme. *Forschungsberichte iwb.* München, Herbert Utz.

MOSYN (2002) Modular Synthesis of Advanced Machine Tools. Brüssel

NEUHAUS, J. (2003) *Umkonfigurieren von Werkzeugmaschinen durch Plug & Play mechatronischer Module,* Aachen, Shaker Verlag.

NORDHAUSE-JANZ, J. & PEKRUHL, U. (2000) Managementmoden oder Zukunftskonzepte? Zur Entwicklung von Arbeitsstrukturen und von Gruppenarbeit in Deutschland. IN NORDHAUSE-JANZ, J. & PEKRUHL, U. (Eds.) *Arbeiten in neuen Strukturen? Partizipation, Kooperation, Autonomie und Gruppenarbeit in Deutschland.* München/Mering, Rainer Hampp.

NYHUIS, P. & HEGER, C. L. (2004) Adequate Factory Transformability at Low Costs. *International Conference on Competitive Manufacturing 2004.*

NYHUIS, P., HEINEN, T., G., R., RIMPAU, C., ABELE, E. & WÖRN, A. (2008) Wandlungsfähige Produktionssysteme. Theoretische Hintergrund zur Wandlungsfähigkeit von Produktionssystemen. *wt Werkstattstechnik - online,* 98, 85-91.

NYHUIS, P., KOLAKOWSKI, M. & HEGER, C. L. (2005) Evaluation of Factory Transformability. *3rd International CIRP Conference on Reconfigurable Manufacturing.*

NYHUIS, P., KOLAKOWSKI, M. & HEINEN, T. (2007) Adequate and Economic Factory Transformability - Results of a Benchmarking. *2nd International Conference on Changeable, Agile, Reconfigurable and Agile Production* Toronto/Kanada.

PFARR, H., ULLMANN, K., BRADTKE, M., SCHNEIDER, J., KIMMIG, M. & BOTHFELD, S. (2005) *Der Kündigungsschutz zwischen Wahrnehmung und Wirklichkeit,* München und Mehring, Hampp Verlag.

POSSELT, P.-P. & WOLKE, M. (2005) Ein (fast) neues Konzept gewinnt Akzeptanz. *Werkstatt und Betrieb,* 115-119.

PRITSCHOW, G. (1998) Trendwende zur herstellerübergreifenden Offenheit *Abschlusspräsentation HÜMNOS/OSACA.* Untertürhkeim.

REICHWALD, R. & KOLLER, H. (1995) Integration und Dezentralisierung von Unternehmensstrukturen. IN LUTZ, B., HARTMANN, M. & HIRSCH-KREINSEN, H. (Eds.) *Produzieren im 21. Jahrhundert. Herausforderungen für die deutsche Industrie. Ergebnisse des Expertenkreises "Zukunftsstrategien" Band 1.* Frankfurt am MainNew York, Campus.

REINHART, G. (2000) Virtuelle Fabrik: Wandlungsfähigkeit durch dynamische Unternehmenskooperationen. IN WILDEMANN, H. (Ed.) *TCW-Report.* München, TCW Transfer-Centrum GmbH.

REINHART, G., BERLAK, J., EFFERT, C. & SELKE, C. (2002) Wandlungsfähige Fabrikgestaltung. *ZWF,* 97, 18-23.

REINHART, G., DÜRRSCHMIDT, S., HIRSCHBERG, A. & SELKE, C. (1999) Reaktionsfähigkeit für Unternehmen. Eine Antwort auf turbulente Märkte. *ZWF,* 94, 21-24.

REINHART, G., KREBS, P., RIMPAU, C. & CZECHOWSKI, D. (2007) Flexibilitätsbewertung in der Praxis. *wt Werkstattstechnik online,* 97, 211-217.

REINHART, G. & SELKE, C. (1999) Wandel – Bedrohung oder Chance? . *io management* 69, 20–24.

ROCHE (1999) Roche Lexikon Medizin. 4. ed. München, Urban & Fischer.

ROPOHL, G. (1999) *Allgemeine Technologie - Eine Systemtheorie der Technik*, München, Wien Carl Hanser Verlag

SCHUH, G., HARRE, J., GOTTSCHALK, S. & KAMPKER, A. (2004a) Design for Changeability (DFC). *wt Werkstattstechnik - online*, 94, S. 100-106.

SCHUH, G., HARRE, J., GOTTSCHALK, S. & KAMPKER, A. (2004b) Design for Changeability (DFC) –Das richtige Maß an Wandlungsfähigkeit finden. *wt Werkstattstechnik online*, 4, 100-106.

SCHUH, G. T. & KURR, M. (2005) *Kooperationsmanagement*, München, Hanser.

SCHUMANN, M., EINEMANN, E., SIEBEL-REBELL, C. & WITTEMANN, K.-P. (1983) *Rationalisierung, Krise, Arbeiter. Eine empirische Untersuchung der Industrialisierung auf der Werft*, Frankfurt am Main, EVA.

SIEGEL, T. (2003) Denkmuster der Rationalisierung. Ein soziologischer Blick auf Selbstverständlichkeiten. IN GEIDECK, S. & LIEBERT, W.-A. (Eds.) *Sinnformeln. Linguistische und soziologische Analysen von Leitbildern, Metaphern und anderen kollektiven Orientierungsrahmen.* Berlin/New York, Walter de Gruyter.

SIMON, H. (2007) *Hidden Champions des 21. Jahrhunderts. Die Erfolgsstrategien unbekannter Weltmarktführer*, Frankfurt, Campus-Verlag.

SPATH, D., BECKER, M. & KOCH, S. (2005) Die adaptive unternehmerische Arbeitsorganisation. *wt Werkstattstechnik online*, 95, 3-6.

SPATH, D. & SCHOLTZ, O. (2007) Wandlungsfähigkeit für eine wirtschaftliche Montage in Deutschland. *Industriemanagement*, 23, 61-64.

STANG, S. (2004) Produktplattformen, Gestaltung - Systematik - Methodik. *FBK Produktionstechnische Berichte*. Kaiserslautern, Technische Universität Kaiserslautern.

STANIK, M. (2005) Forderungen an die Werkzeugmaschine der Zukunft, Mehrtechnologie, Rekonfigurierbarkeit, Wirtschaftlichkeit. *VDI-Z*.

STATISTISCHES BUNDESAMT (2007) Statistisches Jahrbuch 2007 für die Bundesrepublik Deutschland. Wiesbaden, Statistisches Bundesamt.

STAUDT, E. & KRIEGESMANN, B. (2002) Zusammenhang von Kompetenz, Kompetenzentwicklung und Innovation. Objekt, Maßnahmen und Bewertungsansätze - Ein Überblick. IN STAUDT, E., KAILER, N., KOTTMANN, M., KRIEGESMANN, B., MEIER, A. J., MUSCHIK, C., STEPHAN, H. & ZIEGLER, A. (Eds.) *Kompetenzentwicklung und Innovation. Die Rolle der Kompetenz bei Organisations-, Unternehmens-, und Regionalentwicklung.* Münster u.a., Waxmann.

SUDHOFF, W. (2008) Methodik zur Bewertung standortübergreifender Mobilität. *Forschungsberichte iwb.* München, Herbert Utz.

SUDHOFF, W., RIMPAU, C., BERLAK, J., MÜSSIG, B. & REDELSTAB, P. (2006) Strukturadaptive und mobile Fabrikkonzepte - Gesteigerte Effizienz durch die Nutzung moderner Planungsmethoden und -werkzeuge. *wt Werkstattstechnik - online,* 96, S. 162-166.

TFB (2008) http://www.tfb059.uni-stuttgart.de/teilprojekte/tp3/.

TÖNSHOFF, H.-K. & BÖGER, F. (1996) Kundenspezifische Konfigurierung modularer Werkzeugmaschinen. *ZWF,* 91, 433-436

TÖNSHOFF, H.-K., SCHNÜLLE, A. & DRABOW, G. (2001a) *High flexible and reconfigurable manufacturing systems due to a modular design,* Michigan, University of Michigan.

TÖNSHOFF, H.-K., SSCHNÜLLE, A. & DRABOW, G. (2001b) *High flexible and reconfigurable manufacturing systems due to a modular design,* Michigan, University of Michigan.

WARNECKE, G. & THURNES, C. M. (2004) Wandlungsfähig durch Kompetenzmanagement. *Industrie Management*, 9-11.

WECK, M., ULLRICH, G. & NEUHAUS, J. (2000) Modulare Transfermaschinen - hochproduktiv und (re)konfigurierbar. *wt Werkstattstechnik online,* 90, 102-104.

WESTKÄMPER, E. (2002a) Wandlungsfähigkeit: Herausforderungen und Lösungen im turbulenten Wettbewerb. IN WESTKÄMPER, E. (Ed.) *Wandlungsfähige Unternehmensstrukturen für die variantenreiche Serienproduktion.* Stuttgart, Fraunhofer IRB Verlag.

WESTKÄMPER, E. (2002b) Wirtschaftlichkeit wandlungsfähiger Fabriken. *4. Deutsche Fachkonferenz Fabrikplanung.*

WIENDAHL, H.-P. (2002) Wandlungsfähigkeit – Schlüsselbegriff der zukunftsfähigen Fabrik. *wt Werkstatttstechik online,* 92, 122-127.

WIENDAHL, H.-P., ELMARAGHY, H. A., NYHUIS, P., ZÄH, M. F., WIENDAHL, H.-H., DUFFIE, N. & KOLAKOWSKI, M. (2007) Changeable Manufacturing: Classification, Design, Operation. *Annals of the CIRP,* 56.

WIENDAHL, H.-P., GERST, D. & KEUNECKE, L. (Eds.) (2004) *Variantenbeherrschung in der Montage. Konzept und Praxis der flexiblen Produktionsendstufe,* Berlin u. a., Springer.

WIENDAHL, H.-P. & HERNÁNDEZ, R. (2002) Fabrikplanung im Blickpunkt. Herausforderung Wandlungsfähigkeit. *wt Werkstattstechnik online,* 92, 133-138.

WIENDAHL, H.-P., NOFEN, D., KLUßMANN, J. H. & BREITENBACH, F. (Eds.) (2005) *Planung modularer Fabriken,* München, Hanser.

WIRTH, S., ENDERLEIN, H. & HILDEBRAND, T. (2000) Vision zur Wandlungsfähigen Fabrik. *ZWF,* 95, 456-462.

WITTE, K.-W., VIELHABER, W. & AMMON, C. (2005) Planung und Gestaltung wandlungsfähiger und wirtschaftlicher Fabriken. *wt Werkstattstechnik online,* 95, 227-231.

WOMACK, J.-P., JONES, D.-T. & ROOS, D. (1990) *The Machine that Changed the World - The Story of Lean Production,* New York, Rawson Associates.

ZACHERT, U. (2007) Der Arbeitsrechtsdiskurs und die Rechtsempirie - Ein schwieriges Verhältnis. *WSI Mitteilungen,* 421-426.

ZÄH, M. F., MOELLER, N. & VOGL, W. (2005) Symbiosis of Changeable and Virtual Production. IN ZÄH, M. F. E. A. (Ed.) *1st International Conference on Changeable, Agile, Reconfigurable and Virtual Production (CARV 2005).* München, Utz 2005.

ZÄH, M. F. & MÜLLER, N. (2006) A Model for Capacity Evaluation under Market Uncertainties. *Production Engineering Research and Development,* XIII, 201-210.

ZÄH, M. F., SUDHOFF, W., MOELLER, N. & AULL, F. (2004) Evaluation of mobile production scenarios based on the Real Option Approach. *Vernetzt planen und produzieren (VPP).* Chemnitz.

ZAHN, E. & SCHMID, U. (1996) *Produktionswirtschaft 1: Grundlagen und operatives Produktionsmanagement,* Stuttgart, UTB.

7 Autorenverzeichnis

In alphabetischer Reihenfolge

Prof. Dr.-Ing. Eberhard Abele
Technische Universität Darmstadt
Institut für Produktionsmanagement, Technologie und Werkzeugmaschinen
Petersenstr. 30
64287 Darmstadt
Tel.: +49 6151 16 2156
Fax: +49 6151 16 3356
E-Mail: abele@ptw.tu-darmstadt.de

Dipl.-Ing. Daniel Berkholz
Leibniz Universität Hannover
Institut für Fabrikanlagen und Logistik (IFA)
An der Universität 2
30823 Garbsen
Tel.: +49 511 762 19881
Fax.: +49 511 762 3814
E-Mail: berkholz@ifa.uni-hanover.de

Dipl.-Ing. Max von Bredow
Technische Universität München
Institut für Werkzeugmaschinen und Betriebswissenschaften (*iwb*)
Boltzmannstr. 150
85748 Garching
Tel.: +49 89 289 15464
Fax: +49 89 289 15555
E-Mail: max.bredow@iwb.tum.de

Dipl.-Wi.-Ing. Philip Fronia
Leibniz Universität Hannover
Institut für Fabrikanlagen und Logistik (IFA)
An der Universität 2
30823 Garbsen
Tel.: +49 511 762 19812
Fax.: +49 511 762 3814
E-Mail: fronia@ifa.uni-hannover.de

Dr. disc. pol. Detlef Gerst
Leibniz Universität Hannover
Institut für Fabrikanlagen und Logistik (IFA)
An der Universität 2
30823 Garbsen
Tel.: +49 511 762 18129
Fax.: +49 511 762 3814
E-Mail: gerst@ifa.uni-hannover.de

Dipl.-Wirtsch.-Ing. Tobias Heinen
Leibniz Universität Hannover
Institut für Fabrikanlagen und Logistik (IFA)
An der Universität 2
30823 Garbsen
Tel.: +49 511 762 19815
Fax.: +49 511 762 3814
E-Mail: heinen@ifa.uni-hanover.de

Dipl.-Ing. oec. Michael Heins
Leibniz Universität Hannover
Institut für Fabrikanlagen und Logistik (IFA)
An der Universität 2
30823 Garbsen
Tel.: +49 511 762 19816
Fax.: +49 511 762 3814
E-Mail: heins@ifa.uni-hannover.de

Dipl.-Ing. Norbert Heßbrüggen
EMAG Salach Maschinenfabrik GmbH
Austrasse 24
73084 Salach
E-Mail: emoore@emag.de

Dipl.-Sozialwissenschaftlerin Angela Jäger
Fraunhofer Institut für System- und Innovationsforschung (ISI)
Breslauer Straße 48
76139 Karlsruhe
Tel.: +49 721 6809322
Fax: +49 721 6809152
E-Mail. angela.jaeger@isi.fraunhofer.de

Dr. rer. pol. Dipl.-Wirtsch.-Ing. Steffen Kinkel
Fraunhofer Institut für System- und Innovationsforschung (ISI)
Breslauer Straße 48
76139 Karlsruhe
Tel.: +49 721 6809311
Fax: +49 721 6809131
E-Mail. steffen.kinkel@isi.fraunhofer.de

Dipl.-Wirtschaftsing. Oliver Kleine
Fraunhofer Institut für System- und Innovationsforschung (ISI)
Breslauer Straße 48
76139 Karlsruhe
Tel.: +49 721 6809371
Fax: +49 721 6809152
E-Mail: oliver.kleine@isi.fraunhofer.de

Dipl.-Ing. Pascal Krebs
Technische Universität München
Institut für Werkzeugmaschinen und Betriebswissenschaften (*iwb*)
Boltzmannstr. 15
85748 Garching
Tel.: +49 89 289 15512
Fax: +49 89 289 15555
E-Mail: pascal.krebs@iwb.tum.de

Prof. Dr.-Ing. habil. Peter Nyhuis
Leibniz Universität Hannover
Institut für Fabrikanlagen und Logistik (IFA)
An der Universität 2
30823 Garbsen
Tel.: +49 511 762 2440
Fax.: +49 511 762 3814
E-Mail: nyhuis@ifa.uni-hanover.de

Dipl.-Ing. Julia Pachow-Frauenhofer
Leibniz Universität Hannover
Institut für Fabrikanlagen und Logistik (IFA)
An der Universität 2
30823 Garbsen
Tel.: +49 511 762 19817
Fax.: +49 511 762 3814
E-Mail: pachow@ifa.uni-hanover.de

Prof. Dr.-Ing. Gunther Reinhart
Technische Universität München
Institut für Werkzeugmaschinen und Betriebswissenschaften (*iwb*)
Boltzmannstr. 15
85748 Garching
Tel.: +49 89 289 15504
Fax: +49 89 289 15555
E-Mail: gunther.reinhart@iwb.tum.de

Dr. Hubert Reinisch
teamtechnik Maschinen und Anlagen GmbH
Planckstraße 40
71691 Freiberg am Neckar
E-Mail: hubert.reinisch@teamtechnik.com

Dipl.-Ing. Christoph Rimpau
Technische Universität München
Institut für Werkzeugmaschinen und Betriebswissenschaften (*iwb*)
Boltzmannstr. 15
85748 Garching
Tel.: +49 89 289 15509
Fax: +49 89 289 15555
E-Mail: christoph.rimpau@iwb.tum.de

Dr. Axel Schmidt
Sennheiser electronic GmbH & Co. KG
Am Labor 1
30900 Wedemark
E-Mail: schmidta@sennheiser.com

Dr.-Ing. Dipl.-Wirt.-Ing. Peter Weber
BMW Group
Knorrstr. 147
80788 München
E-Mail: peter.wd.weber@bmw.de

M.Sc., Dipl.-Ing. Arno Wörn
Technische Universität Darmstadt
Institut für Produktionsmanagement, Technologie und Werkzeugmaschinen
Petersenstr. 30
64287 Darmstadt
Tel.: +49 6151 16 3134
Fax: +49 6151 16 3356
E-Mail: woern@ptw.tu-darmstadt.de